Wirtschaftswissenschaftliches Forum der FOM

Band 74

**Charlotte Seipel**

# Der Einfluss der Persönlichkeit auf die Arbeitsproduktivität in neuen Arbeitsformen gemessen an der Ambiguitätstoleranz

Shaker Verlag
Düren 2020

Bibliografische Information der Deutschen Nationalbibliothek
Die Deutsche Nationalbibliothek verzeichnet diese Publikation in der Deutschen Nationalbibliografie; detaillierte bibliografische Daten sind im Internet über http://dnb.d-nb.de abrufbar.

Herausgebende Institution ist die FOM Hochschule für Oekonomie & Management gemeinnützige Gesellschaft mbH



Printed in Germany.

ISBN 978-3-8440-7761-2
ISSN 2192-7855

Shaker Verlag GmbH • Am Langen Graben 15a • 52353 Düren
Telefon: 02421 / 99 0 11 - 0 • Telefax: 02421 / 99 0 11 - 9
Internet: www.shaker.de • E-Mail: info@shaker.de

# Vorwort des Herausgebers

Die private FOM Hochschule für Oekonomie & Management versteht sich mit ihrem ausbildungs- und berufsbegleitenden Studienangebot im wirtschaftswissenschaftlichen Bereich als eine Ergänzung der deutschen Hochschullandschaft. Durch die Schaffung zielgruppenadäquater, attraktiver Studienbedingungen ermöglicht sie gleichzeitig den Beschäftigten viele Chancen zur Weiterentwicklung und den Unternehmen die Anpassung an die Anforderungen, die sich aus der demografischen Entwicklung und den gestiegenen Qualifikationsbedarfen ergeben.

Die 1991 auf Initiative von Wirtschaftsverbänden gegründete FOM arbeitet seit ihrem Bestehen eng mit Unternehmen und Verbänden zusammen und unternimmt mit der vorliegenden Schriftenreihe einen weiteren Schritt zur Verzahnung von Theorie und Praxis. Studierenden mit herausragenden Studienleistungen wird hierin ein Forum gegeben, der interessierten Fachöffentlichkeit empirische Ergebnisse, innovative Konzepte und fundierte Analysen im Zuge einer breiten Veröffentlichung ihrer Abschlussarbeiten mitzuteilen. Daneben finden exzellente Dissertationen von FOM Dozenten Eingang in die Schriftenreihe.

Unser herzlicher Dank gilt Frau Dipl.-Psych. Annika Rötters und Herrn Prof. Dr. Thomas Olbrecht, die die Abschlussarbeit von Frau Charlotte Seipel als Erst- bzw. Zweitgutachter betreut haben.

Die Arbeit thematisiert die Fragestellung, inwieweit das Persönlichkeitsprofil der Beschäftigten einen förderlichen oder hinderlichen Einfluss auf die Arbeitsproduktivität in neuen Arbeitsformen haben kann. Empirisch wird hierbei die Ambiguitätstoleranz der Probanden näher beleuchtet und Rückschlüsse auf zukünftige Personalentwicklungsmaßnahmen gezogen.

Wir hoffen, den vielfach regen und fruchtbaren Dialog zwischen Hochschule und Praxis mit dieser Reihe um eine weitere Facette zu bereichern. Als Herausgeber freuen wir uns, herausragende Leistungen unserer Studierenden durch eine Veröffentlichung würdig honorieren zu können.

Essen, im Oktober 2020

| Prof. Dr. Burghard Hermeier | Prof. Dr. Thomas Heupel |
| --- | --- |
| Rektor | Prorektor für Forschung |

# VORWORT DER AUTORIN

Die Suche nach einem geeigneten Masterarbeitsthema ist vielschichtig. Für mich war hierbei entscheidend, ein aktuelles Thema zu bearbeiten. Ich wollte Erkenntnisse liefern, die sich mit Neuem beschäftigten, Wissenslücken schließen und einen empirischen Mehrwert liefern können. Auch mein Berufsalltag als Unternehmensberaterin mit Schwerpunkt in der Teamentwicklung und meine Interessensschwerpunkte in der Persönlichkeitspsychologie sollten Berücksichtigung finden. So habe ich meinen Fokus auf die Persönlichkeitsanalyse in neuen Arbeitsformen gelegt. New Work Konzepte gewinnen zunehmend an Bedeutung, in vielen Unternehmen finden aktuell entsprechende Umstrukturierungen und Veränderungsmaßnahmen statt. Vieles ist hierbei noch unerforscht. „Learning by doing“ ist oftmals die Devise. Schritt für Schritt vermehrt sich die Empirie zu dieser Thematik. Die Annahme, dass durch flache Hierarchien, autonome Teams und flexible Arbeitszeitmodelle die Arbeit in den Unternehmen agiler und selbstorganisierter verläuft, ist groß. Die Generation Y, bald auch Z, verändern die Wertewelten in den Unternehmen und müssen sich in der Arbeitswirklichkeit wiederfinden können. Lösungsansätze sind gefragt, um in einem volatilen, unsicheren, zunehmend komplexeren und agilen Markt wettbewerbsfähig zu bleiben. Dann ist die Frage naheliegend, inwieweit die Persönlichkeit und individuellen Kompetenzen der Menschen einen Einfluss auf deren Arbeitsproduktivität in neuen Arbeitsformen haben. Eine Kernfrage die bisher kaum erforscht wurde.

So entstand die vorliegende Masterarbeit im Fach Wirtschaftspsychologie an der Hochschule für Ökonomie & Management (FOM) Köln, mit dem Thema „Der Einfluss der Persönlichkeit auf die Arbeitsproduktivität in neuen Arbeitsformen am Beispiel der Ambiguitätstoleranz“, die ein besonderes Augenmerk auf die Zusammenhänge zwischen unterschiedlichen Persönlichkeitsfacetten und dem Ausmaß an Ambiguitätstoleranz der Probanden legt.

Das Vorwort zu dieser Veröffentlichung wurde Mitten in der Corona-Krise 2020 verfasst. Ein klassisches Beispiel der praktischen Umsetzung des beforschten Konstruktes. Es war sehr eindrucksvoll, wie in kürzester Zeit neue Verfahren und Routinen eingeführt wurden, wie innerhalb von Tagen Homeoffice und Digitalisierung selbstverständlich wurde. Die Menschen mussten und müssen mit Unsicherheit und Mehrdeutigkeit zurechtkommen lernen, ständig beeinflussen neue Anordnungen und Bestimmungen auch den Berufsalltag. In der Praxis wird deutlich, wie stark Persönlichkeitsmerkmale die Arbeitsproduktivität und den individuellen Pragmatismus der Menschen beeinflussen.

Die Masterarbeit betrifft immer auch andere Menschen. So gebührt mein Dank einer großen Zahl an Probanden, die bereitwillig und ehrlich einen umfassenden Fragebogen zur Persönlichkeitsanalyse bearbeiteten. Die Auswertung und Themenbearbeitung wurde geduldig und kontinuierlich fachlich fundiert von meiner Erstgutachterin und Professorin betreut. Daher gilt mein besonderer Dank meiner Erstgutachterin Dipl.-Psych. Annika Rötters. Ebenso danke ich meinem Zweitgutachter Prof. Dr. Thomas Olbrecht für die Begleitung und Betreuung meiner Arbeit und meines Kolloquiums.

Meiner Kommilitonin Darja Felde M.Sc. danke ich für die Anregungen und Kommentierungen, die meine Arbeit an den richtigen Punkten abgerundet haben. Darüber hinaus war sie mir stets eine treue und wertvolle Studienbegleiterin.

Zuletzt möchte ich mich bei meinem Mentor, Arbeitskollegen und Vater Dr. med. Heinz Pilartz bedanken. Von der Themensuche bis zur finalen Abgabe hat er mich jeder Zeit im Schaffungsprozess der Arbeit unterstützt und mir fachlichen wie auch emotionalen Halt geboten.

Bonn, im August 2020

Charlotte Seipel M.Sc.

# Vorwort der Gutachterin

Ich freue mich, dass die vorliegende Arbeit veröffentlicht wird. Sie ist gelungener Überblick zum aktuellen Stand der Forschung im Bereich New Work und spannender Ausblick auf die Herausforderungen der Zukunft und ihre Bewältigungsmöglichkeiten in Einem.

Die Ambiguitätstoleranz der Arbeitnehmer spielt eine zunehmend größere Rolle im Arbeitsalltag sowie bei der Vereinbarkeit von Beruf und Privatleben – längst geht es hier nicht mehr um eine Balance zwischen zwei verschiedenen Lebensbereichen, sondern vielmehr um ein Gleichgewicht innerhalb des Lebens jedes Mitarbeiters, bei dem neben den Anforderungen der Tätigkeiten auch die Persönlichkeit des Arbeitnehmers berücksichtigt werden muss.

In dieser Arbeit wird der aktuelle Forschungsstand zu Persönlichkeitsmerkmalen plausibel mit dem aktuellen Forschungsstand zur Ambiguitätstoleranz verknüpft, dabei werden auch bisherige Studien sinnvoll reflektiert. Anschließend leitet Frau Seipel ihre Hypothesen aus der Zusammenführung von Erkenntnissen der veränderlichen Arbeitswelt und Erkenntnissen aus der Persönlichkeitsforschung sowie der Ambiguitätsforschung sauber ab.

Die Ambiguitätstoleranz als wichtige Voraussetzung in einer Arbeitswelt im Wandel wird als Kriterium für Arbeitserfolg eingesetzt. Die Einordnung der anschließend hier neu gewonnen Erkenntnisse und die abgeleiteten Implikationen sind ein „Must-Read“ für jeden Arbeitgeber, jede Arbeitgeberin und Führungskraft: Hier finden sich sowohl Argumente als auch inhaltliche Ansatzpunkte für konkrete Maßnahmen, die entsprechend der Persönlichkeitsfacetten der Mitarbeiter unterschiedliche Wege zur Förderung der individuellen und unternehmensweiten Ambiguitätstoleranz aufzeigen und beinhalten. Es war mir eine Freude, Frau Seipel als Erstbetreuerin bei diesem Forschungsvorhaben zu betreuen und ich wünsche dem Leser und der Leserin viel Spaß beim Genuss dieser Arbeit.

Köln, im Juni 2020

Dipl.-Psych. Annika Rötters

Dozentin für Wirtschaftspsychologie, FOM Hochschule in Köln

# INHALTSVERZEICHNIS

# Abkürzungsverzeichnis

| | |
|---|---|
| Aufl. | Auflage |
| bspw. | beispielsweise |
| bzgl. | bezüglich |
| bzw. | beziehungsweise |
| d. h | das heißt |
| evtl. | eventuell |
| ggf. | gegebenfalls |
| Hrsg. | Herausgeber |
| M | Mittelwert |
| Max. | Maximum |
| Min. | Minimum |
| N | Stichprobenumfag |
| Nr. | Nummer |
| Prof. | Professor |
| S. | Seite |
| SD | Standardabweichung |
| R | Invertiertes Item |
| u. a. | unter anderem |
| V | Schiefe |
| Vgl. | vergleiche |
| W | Kurtosis |
| z. B. | zum Beispiel |

# ABBILDUNGSVERZEICHNIS

# TABELLENVERZEICHNIS

# 1 EINLEITUNG

Der Begriff New Work gibt einen neuen Trend in der Arbeitswelt wieder. Aber was verbirgt sich eigentlich dahinter? Bisher existiert keine einheitliche Begriffsdefinition für den New Work-Gedanken. Vielmehr handelt es sich um eine Beschreibung zukünftiger Arbeitsbedingungen, die durch mehrere Kriterien charakterisiert werden. Eine Studie von Hays hat 2017 notwendige Kompetenzen ermittelt, die laut Arbeitnehmern die zukünftige Beschäftigungsfähigkeit sichern. Hierzu zählen neben z. B. lebenslanger Lernbereitschaft und Kommunikationsfähigkeit auch die Veranlagung, mit Unsicherheit und Risiken umgehen zu können (Hays, 2017). Die Fähigkeit, mit unsicheren und mehrdeutigen Situationen umzugehen, wird als Ambiguitätstoleranz definiert. Dieses Kriterium wird in der vorliegenden Arbeit stellvertretend für die Merkmale des New Work-Gedanken betrachtet und analysiert.

Grundlage der Forschungsarbeit bildet die Frage, inwieweit die Persönlichkeit der Menschen Aufschluss darüber geben kann, ob ein Arbeitnehmer in neuen Arbeitsformen benötigte Fähigkeiten besitzt.

Innerhalb einer quantitativen Online-Befragung wird die Selbsteinschätzung männlicher und weiblicher Berufstätiger zwischen 18 und 64 Jahren aus Nordrhein-Westfalen erhoben. Die Ergebnisse stellen Zusammenhänge und Einflüsse zwischen der Ambiguitätstoleranz und den Persönlichkeitsmerkmalen Extraversion ($R^2$ = .102), Offenheit für Erfahrungen ($R^2$ = .132) und Emotionalität ($R^2$ = .105) dar. Sie veranschaulichen, dass extrovertierte Arbeitnehmer, die offen sind für Erfahrungen, über eine höhere Ambiguitätstoleranz verfügen. Es wird demnach davon ausgegangen, dass es Arbeitnehmern mit diesen Persönlichkeitsprofilen leichter fallen wird, in neuen Arbeitsformen produktiv zu sein, wohingegen Arbeitnehmer mit emotionalem Persönlichkeitsprofil geringere Ambiguitätstoleranz besitzen und in ihrer Produktivität gehemmt werden können. Weiterhin verdeutlichen die Ergebnisse einen unterschiedlich starken Einfluss der Subfacetten der Ambiguitätstoleranz auf die Persönlichkeitsdimensionen. Mit einer schrittweisen linearen Regression werden Subfacetten ohne Einfluss aus der Berechnung eliminiert. Diese Erkenntnisse dienen als Basis für die Konstruktion neuer Messinstrumente und bieten Anregungen für weitere Forschungsansätze.

## 1.1 ZIELSETZUNG

Der Wandel hin zu neuen Arbeitsformen ist in vollem Gange. Veränderungen können Unternehmen lähmen. Ziel der Arbeit ist es, die Handlungsfähigkeit der Unternehmen und deren Beschäftigten zu erhalten. Durch heute gesammelte Erkenntnisse kann die Anpassung in der Zukunft erleichtert werden. Wenn die Persönlichkeit einen Einfluss auf die Produktivität der Arbeitnehmer hat, sind Personalentwicklungsprogramme erforderlich, die die Mitarbeiter individuell auf die neuen Herausforderungen vorbereiten. Instrumente müssen heute entworfen werden, um sie im Morgen anwenden zu können. Hierzu möchte die vorliegende Arbeit einen Beitrag leisten.

## 1.2 AUFBAU DER ARBEIT

Die Forschungsarbeit beginnt mit den theoretischen Hintergründen zu den Themen New Work. Das VUKA-Modell, welches vier Herausforderungen für Unternehmen und ihre Mitarbeiter definiert, bildet hierbei die Modellbasis. Die Ambiguitätstoleranz als eine Facette des VUKA-Modells wird in der Forschungsarbeit näher betrachtet.

Im Anschluss liefert das Fünf-Faktoren-Modell der Persönlichkeiten nach Costa & McCrae (1985) das Fundament für die Auswahl der untersuchten Persönlichkeitsdimensionen. Zunächst wird das Konstrukt der Persönlichkeit in einen theoretischen Rahmen gebettet. Das Kapitel endet mit dem Forschungsdesign und den davon abgeleiteten neun Hypothesen, die dieser Forschungsarbeit zugrunde liegen.

Der Aufbau, die Durchführung und die Auswertung der Datenerhebung auf Basis der Items des HEXACO-PI-R (Ashton & Lee, 2009) und des IMA-40 (Reis, 1996) schließen sich im folgenden Kapitel an.

Durch Regressionsanalysen werden Zusammenhänge und Einflüsse zwischen den Persönlichkeitsdimensionen und der Ambiguitätstoleranz überprüft. Abschließend werden die Forschungsergebnisse interpretiert, diskutiert und kritisch betrachtet. In einem Fazit werden die Erkenntnisse zusammengefasst.

Die in der nachfolgenden Arbeit verwendeten Personen- und Funktionsbezeichnungen sind geschlechtsneutral zu verstehen. Auf die durchgängige Verwendung der weiblichen und männlichen Form wird aus stilistischen Gründen verzichtet.

# 2 Theoretische Hintergründe

Um Zusammenhänge zwischen der Persönlichkeit und der Ambiguitätstoleranz von Erwerbstätigen und deren Auswirkung auf zukünftige Arbeitsproduktivität interpretieren zu können, müssen zunächst grundlegende Begriffe und Modelle näher erklärt werden.

## 2.1 New Work und Arbeit 4.0

Als Begründer des New Work-Gedanken gilt der Sozialphilosoph Frithjof Bergmann, der bereits in den frühen 1970er Jahren zusammen mit Kollegen das erste Zentrum der Neuen Arbeit gründete (Bergmann, 2004). Für Bergmann ist entscheidend, dass die neue Arbeit eine Umkehrung zum Verständnis der Lohnarbeit darstellt. Der Mensch soll nicht länger der Arbeit dienen, sondern die Arbeit dem Menschen. Bergmann vertritt die These, dass, wenn Menschen tun können, was sie tun möchten, es mehr Kreativität und Erfinderreichtum auf der Welt gibt. Dies macht für ihn ein konsequentes Umdenken erforderlich. Laut Bergmann soll Arbeit Kraft und Energie geben und die Selbstentfaltung fördern (Bergmann, 2004). Bergmann beschreibt seine Idee wie folgt:

„Das Ziel der Neuen Arbeit besteht nicht darin, die Menschen von der Arbeit zu befreien, sondern die Arbeit so zu transformieren, damit sie freie, selbstbestimmte, menschliche Wesen hervorbringt" (Bergmann, 2004, S. 8).

Ausgehend von seinen Beobachtungen in der Automobilindustrie, stellte Bergmann ein Alternativprogramm zur gängigen Lohnarbeit vor. Sein Gedankenkonzept basierte auf der Annahme, dass nur noch ein Drittel der Arbeit zukünftig der klassischen Erwerbsarbeit entsprechen würde (Bergmann, 2004). Bergmann postulierte weiterhin, dass ein Drittel der Arbeit aus Anteilen bestehen sollte, die der Mensch wirklich leisten will und ein Drittel aus „High-Tech-Eigenproduktion" (Bergmann, 2004). Wobei Bergmann unter der „High-Tech-Eigenproduktion" versteht, dass neue Technologien verwendet werden können, um Dinge des täglichen Lebens selbstständig herzustellen. Daher dient die „High-Tech-Eigenproduktion" als Voraussetzung für das Drittel an Arbeit, welches der Mensch wirklich leisten möchte (Bergmann, 2004).

Bergmann definiert ein spezielles Arbeitsmodell unter dem Namen „Neue Arbeit" bzw. „New Work". Generell wird der Begriff jedoch weitergefasst (Hackl, Wagner, Attmer & Baumann, 2017). Eine allgemeingültige Definition findet sich bisher allerdings nicht (Hackl et al., 2017). Hackl et al. definieren New Work wie folgt:

„New Work oder die neue Welt des Arbeitens ist Denkansatz und Bewegung zugleich. Ursache sind tiefgreifende Veränderungsprozesse auf gesellschaftlicher und auf Unternehmensebene und damit verbundene neue Anforderungen an Manager, Führungskräfte und Mitarbeiter. Ziel ist ein Wandel des Verständnisses und der Ausgestaltung von Arbeit in der Praxis (Hackl et al., 2017, S. 44)".

Eine Vielzahl von Studien beforschen - stellvertretend für den New Work-Gedanken - einzelne Teilaspekte wie z. B. flexible Arbeitsplatzmodelle (Deloitte, 2016), neue Führungsmodelle (Hackl, Gerpott, Malessa & Jeckel, 2015), Autonomie und Selbstverwirklichung (Neumann & Schmidt, 2013) oder offene Bürokonzepte (Appel-Meulenbroek, Kemperman, Kleijn & Hendriks, 2015).

Als Synonym für New Work wird oftmals auch der Begriff Arbeit 4.0 verwendet. Auch hierbei handelt es sich um keine Definition, sondern um eine Beschreibung der Zukunft und Perspektiven der sich verändernden Arbeitswelt und die Folgen dieses Wandels (Bundesministerium für Arbeit und Soziales, 2017).

Die Notwendigkeit auf Veränderungen zu reagieren, ist bekannt. Die individuelle Umsetzung dieser Veränderungen fällt Unternehmen jedoch oftmals schwer, besonders vor dem Hintergrund, dass es keine allgemeingültige Vorstellung von der neuen Arbeitsform gibt (Hackl et al., 2017).

### *2.1.1 Gründe für New Work*

Die technischen Entwicklungen der letzten Jahrhunderte werden in einzelne industrielle Revolutionen unterteilt, die jeweils einen Wendepunkt darstellten und deren Trends die Zukunft maßgeblich beeinflussten. Sie stellen die Wegweiser für den New Work-Gedanken dar und verdeutlichen die Gründe und die Notwendigkeit des Umdenkens hin zu neuen Arbeitsformen. Beschrieben werden die Zeitalter von der ersten industriellen Revolution (Einsatz erster Maschinen, wie

z. B. der Dampfmaschine und dem mechanischen Webstuhl, die die Arbeitsabläufe entscheidend erleichterten), über die zweite industrielle Revolution (Erfindung des Fließbandes), der dritten industriellen Revolution (Serienproduktion und Automatisierung durch Weiterentwicklung der Elektronik und Informationstechnologie) bis zur aktuell vierten industriellen Revolution in Form von Digitalisierung, Big Data-Projekten und künstlicher Intelligenz (Hackl et al., 2017).

Abbildung 1 verdeutlicht in einem Zeitstrahl die Höhepunkte dieser Revolutionen.

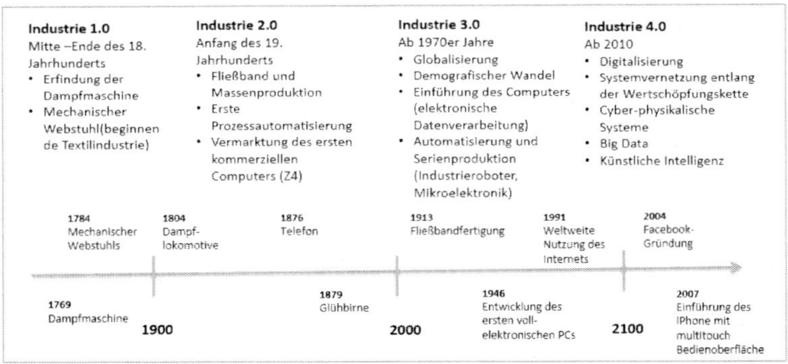


**Abb. 1**: Die industriellen Revolutionen im Überblick (eigene Darstellung).

Somit ist der Begriff New Work eng verbunden mit den aktuellen und zukünftigen Megatrends, die die Arbeitswelt revolutionieren werden und das gesellschaftliche, kulturelle, ökonomische und ökologische Denken prägen (Hackl et al., 2017).

In der Literatur finden sich u. a. folgende als grundlegend geltende Megatrends, die an dieser Stelle nur ansatzweise und nicht in ihrer vollen Tiefe dargestellt werden können:

*Globalisierung*

Trotz intensiver Diskussion findet sich bisher keine einheitliche Begriffsdefinition. Hierunter versteht man einen Verflechtungsprozess verschiedener Länder und Wirtschaftssubjekte, der nach dem Zweiten Weltkrieg begann (Germann, Rurup & Setzer, 1996). Diese globale Integration bietet zahlreiche Möglichkeiten, geht aber ebenfalls mit Begleiteffekten wie zunehmender Entgrenzung, ständiger Erreichbarkeit/ Flexibilität, gesteigerten Mobilitätsanforderungen und einer Verschmelzung von Arbeit- und Privatzeit einher. Unternehmen müssen sich aktuell neben dem nationalen auch mit dem internationalen Wettbewerb auf der Suche nach qualifizierten Fachkräften auseinandersetzen (Hackl et al., 2017).

*Digitalisierung*

Das Digitalisierungszeitalter begann mit der Umwandlung von analogen Datenverarbeitungssystemen zugunsten virtueller Informationssysteme. Laut dem Global Digital Report von We Are Social nutzten 2016 46 % der Weltbevölkerung das Internet, und 31 % waren in Social Media Netzwerken aktiv (We Are Social, 2016). Die Digitalisierung hat somit erheblichen Einfluss auf das gesellschaftliche Leben. Auch die Wirtschaft setzt vermehrt auf Digitalisierungsprozesse, so dass computergestützte Abläufe das Arbeitsbild prägen. Mensch-Maschinen-Interaktionen gewinnen an Bedeutung, Automatisierungsprozesse sind unersetzbar geworden (Hackl et al., 2017).

Die Digitalisierung ist eng verknüpft mit einer Schnelllebigkeit bzw. Beschleunigung und einem erhöhtem Informations(über)fluss. Produktentwicklungen und Innovationszyklen beschleunigen sich exponentiell. Dies führt zur Steigerung der Produktivität, vermehrten Wachstum und ermöglicht die Entwicklung neuer Geschäftsfelder (Hackl et al., 2017). Andererseits werden durch die Digitalisierung ganze Berufsfelder wegrationalisiert und überflüssig. Besonders unqualifizierte Arbeitskräfte werden von diesem Wandel betroffen sein (Hackl et al., 2017).

*Demografischer Wandel*

Die Zahl jährlicher Geburten und Todesfälle sowie die Migration beeinflussen die Bevölkerungsstruktur. Die Lebenserwartung der Menschen in Deutschland steigt stetig an. Gleichzeitig sank die Geburtsrate über Jahre ab und verzeichnet erst in den letzten Jahren wieder leichte Anstiege. Auch die nationale und internationale Mobilität nimmt Einfluss auf die demografische Entwicklung der Gesellschaft, so dass es insgesamt immer weniger junge Menschen in Deutschland gibt. Folglich nimmt die Zahl der Erwerbstätigen ab; gleichzeitig steigt die Zahl der nicht mehr Erwerbstätigen an (Bundesministerium des Innern, 2015).

Die Bevölkerungsstruktur hat sich bis heute bereits stark verändert und befindet sich in einem fortlaufenden Wandel. Dies führt zu weitreichenden Konsequenzen bezogen auf den Wohlstand einzelner, die Lebensqualität sowie das Zusammenleben (Bundesministerium des Innern, 2015). Die alternde Gesellschaft hat direkte Auswirkungen auf die Arbeitswelt. Eine 2018 veröffentlichte Studie des Instituts für Arbeitsmarkt- und Berufsforschung (IAB) zeigt, dass aktuell 1,2 Millionen Stellen unbesetzt sind (Institut für Arbeitsmarkt- und Berufsforschung, 2018). Besonders gut ausgebildete Fachkräfte, die dringend benötigt werden, fehlen. Ein Kampf um Fachkräfte hat begonnen, der u. a. Auswirkungen auf deren Bindungswilligkeit hat. Gleichzeitig wachsen die Anforderungen an die Mitarbeiter stetig (Flato & Reinbold-Scheible, 2008).

### 2.1.2 *Herausforderungen für Unternehmen*

Die folgende Abbildung gibt einen Überblick, vor welchen konkreten Herausforderungen Unternehmen derzeit und zukünftig stehen. Die Darstellung verdeutlicht, dass eine umfassende Veränderung bevorsteht bzw. bereits eingetreten ist, die den demografischen Wandel ebenso betrifft wie u. a. gesellschaftliche und technologische Entwicklungen (Schwarz, 2007).

| Herausforderungen für Unternehmen | | | | |
|---|---|---|---|---|
| **Demografische Entwicklungen** | **Gesellschaftliche Entwicklungen** | **Entwicklung des Kundenverhaltens** | **Entwicklung der Märkte** | **Technologische Entwicklungen** |
| Alterstruktur der Arbeitnehmer | Höherer Anteil erwerbstätiger Frauen | Streben nach Convenience | Internationalisierung | Komplexität moderner Sachgüter |
| Steigende Lebenserwartung | Dislozieren von Kontakten | Steigende Ansprüche an das Angebot | Spezialisierung | Innovationsdynamik der Produkte / Prozesse |
| | Fachkräftemangel | Höhere Erwartungen in den Service | Ressourcen-verknappung | Bedeutungszuwachs der IuK-Technologie |
| | Wertewandel | Angebotsinduzierte Bedarfsweckung | Käufermärkte | Unternehmensinterne / -externe Vernetzung |
| | Wissensgesellschaft | Sinkende Marken- und Produktreue | Globalisierung der Ressourcenbeschaffung | |

**Neue Kooperationsformen** ↔ **Neue Arbeitsformen**

*Quelle*: Schwarz, 2007, S. 6

**Abb. 2**: Herausforderungen für Unternehmen

Aufgrund dessen gewinnt die Frage, wie die Arbeit zukünftig gestaltet werden soll, zunehmend an Bedeutung (Hackl et al., 2017). In absehbarer Zeit werden durch die Digitalisierung Roboter und neue Technologien viele humane Tätigkeiten übernehmen können. Hierzu zählen u. a. Routinearbeiten und gesundheitsbelastende Tätigkeiten (Hackl et al., 2017). Menschen müssen entwickelt und befähigt werden, den Fokus auf kreative, soziale und kommunikative Aufgaben zu legen, da andere Tätigkeiten als zukünftig wegfallend eingestuft bzw. automatisiert werden (Botthof & Hartmann, 2015).

Die in Abbildung 3 dargestellte Studie des Bundesministeriums für Arbeit und Soziales „Wertewelten Arbeiten 4.0“ skizziert die veränderten Lebenskonzepte und Werte der Arbeitnehmer (Bundesministerium für Arbeit und Soziales, 2017). Unterschieden wird zwischen sieben Wertewelten. Die Studie zeigt, dass ein besonderer Fokus auf dem Wunsch nach Individualität der Erwerbstätigen liegt. Eine homogene Arbeiterschaft gibt es kaum noch. Teilweise haben Erwerbstätige konträre Vorstellungen und Empfindungen. Was für die einen ein wünschenswerter Zustand ist, bewertet ein anderer als bedrohlich (Bundesministerium für Arbeit und Soziales, 2017). Die Unternehmen werden sich mit dieser Heterogenität der Mitarbeiterschaft auseinandersetzen müssen.

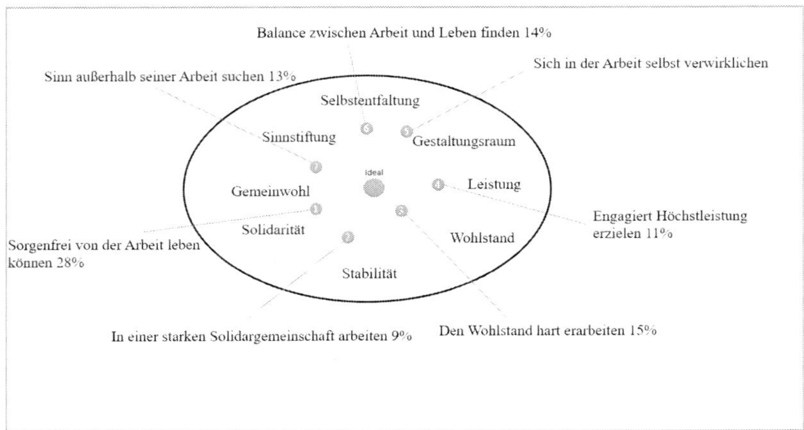


**Abb. 3**: Ansprüche an die Arbeit: sieben Wertewelten (eigene Darstellung nach Bundesministerium für Arbeit und Soziales, 2017, S. 35).

Die Wirtschaftskonjunktur sowie die Multioptionsgesellschaft sichern eine Befriedigung der Grundbedürfnisse und ermöglichen somit das Streben nach individuellen Bedürfnissen. Erwerbstätige suchen nach Sinnerfüllung, Selbstverwirklichung, Work-Life-Balance und Engagement (vergl. Abbildung 3). Materielle und Status-Bedürfnisse verlieren hingegen an Bedeutung. Um wettbewerbsfähig zu bleiben, müssen Unternehmen neue Anreizsysteme implementieren, die diese veränderten Wertewelten berücksichtigen. Statt starrer Kontrollen müssen Unternehmen Vertrauenskulturen und Möglichkeiten zur Autonomie schaffen (Hackl et al., 2017). Der Wertewandel stellt - neben den bereits in Kapitel 2.1.1 beschriebenen Bereichen - einen weiteren Megatrend in der heutigen Arbeitswelt dar, der gesellschaftlich, politisch und ökonomisch nicht unterschätzt werden darf (Hackl et al., 2017).

Die Entwicklung zeigt: Effiziente Geschäftsmodelle allein reichen nicht mehr aus, um der demografischen Entwicklung, der zunehmenden Komplexität, der wachsenden Unsicherheit und dem Innovationsdruck entgegenzuwirken (Hackl et al., 2017). Die unternehmerischen Modelle, Ziele und Visionen müssen immer wieder überdacht und in Frage gestellt werden. Wenn Selbstverwirklichung und sinnstiftende Arbeit an Bedeutung gewinnen, müssen Unternehmen ihre Arbeitsabläufe und Arbeitsformen neu überdenken und Mitarbeiter individuell schulen, um langfristig wettbewerbsfähig zu bleiben und um ihre Arbeitgeberattraktivität zu wahren (Hackl et al., 2017).

### *2.1.3 Herausforderungen der neuen Arbeitsformen und neuen Arbeitsbedingungen für die Menschen*

Andrea Nahles, ehemals Parteivorsitzende der SPD und von 2013 bis 2017 Bundesministerin für Arbeit und Soziales, beschreibt die Herausforderung neuer Arbeitsformen für die Menschen wie folgt:

„Schon jetzt ist erkennbar, dass die digitale Transformation – vor allem mit Blick auf die Arbeitswelt – polarisiert. Für die einen ist sie Verheißung und Lebensgefühl, für die anderen bedeutet sie Unsicherheit. Mein persönliches Fazit aus vielen Gesprächen ist: Wir wollen die Chancen der Digitalisierung für Wirtschaft,

Beschäftigung und gute Arbeit nutzen. Dafür müssen wir die Sorgen um Arbeitsplatz- und Qualifikationsverlust, Arbeitsverdichtung und Entgrenzung genauso ernst nehmen wie die Kluft zwischen Menschen, die Freiheit und Flexibilität als Verheißung sehen und solchen, die vor allem Stabilität und Sicherheit wünschen (Bundesministerium für Arbeit und Soziales, 2017, S. 5)".

Die Arbeitswelt ist geprägt von Unsicherheit, Intransparenz und Dynamik (Bundesministerium für Arbeit und Soziales, 2017). Sie stellt die Menschen vor große individuelle Herausforderungen. Agilität wird als Grundvoraussetzung beschrieben, um sich an veränderte Arbeitsweisen anpassen zu können (Mollbach, & Bergstein, 2015).

Petry (2018) sieht in der Agilität das Maß, inwieweit Menschen sich proaktiv an veränderte Situationen anpassen können. Eine genaue Abgrenzung zwischen den Begriffen Agilität und Flexibilität ist durch unterschiedliche Definitionsansätze kaum möglich. Vielfach wird der Begriff der Agilität weiter gefasst. So bedeutet Agilität für Fischer & Häusling neben der Anpassungsfähigkeit von z. B. Führungskräften, auch die Fähigkeit einer gezielten Stärkung und individuellen Befähigung der Mitarbeiter (Fischer & Häusling, 2018). Unternehmen können durch agile Arbeitsformen von mehr Produktivität und Innovation ihrer Beschäftigten profitieren, da die Mitarbeiter die Möglichkeit der autonomen und ganzheitlichen Arbeitsweise erhalten (Bundesministerium für Arbeit und Soziales, 2017). Eine aktive Begleitung der Erwerbstätigen hin zu diesen Arbeitsformen ist notwendig, um die beruflichen und privaten Hürden zu meistern. Risiken und Sorgen machen individuelle Sicherheit notwendig (Bundesministerium für Arbeit und Soziales, 2017). Ziele agiler Arbeitsformen beschreiben Hackl, Gerpott, Malessa und Jeckel (2015) wie folgt: „Arbeitswelten sollen durch kurze Planungs- und Umsetzungszyklen, schnelle Entscheidungswege und unmittelbare Anpassungsmöglichkeiten gekennzeichnet sein" (Hackl et al., 2015, S.30).

Ein praktisches Beispiel dieser Definition stammt aus dem IT-Sektor: das Scrum-Verfahren, welches sich in vielen Unternehmen etabliert hat. Oft wird diese Methode gleichgesetzt mit dem New Work-Gedanken. Letztendlich bildet sie eine praktische Anwendungsmethode, wie mit zukünftigen Herausforderungen umgegangen werden kann.

Gloger lieferte 2016 eine kurze, gleichwohl prägnante Definition:

„Scrum ist ein Vorgehensrahmen für das Projekt- und Produktmanagement. Die Komplexität des Unplanbaren managt Scrum durch schrittweise Annäherung [...]. In Scrum wird das Produkt auf Basis der Produktvision in regelmäßigen Iterationen (Sprints) und Inkrementen (voll nutzbaren Produktteilen) und in enger Zusammenarbeit mit dem Kunden/User entwickelt (Gloger, 2016, S. 199)".

Die zunehmende Dezentralisierung von Arbeit stellt eine weitere Herausforderung für die Mitarbeiter dar. Viele sehen in flachen Hierarchien und Projektgruppen die Zukunft der Arbeit. Macht und Steuerung werden - im Sinne der partizipativen Führung auf Augenhöhe - an die Teammitglieder abgegeben. Führungskräfte werden sich vermehrt als Coach und Entwicklungshelfer der Belegschaft verstehen (Hackl et al., 2017). Mitarbeiter und Führungskräfte werden lernen müssen, sich in ihren neuen Rollen und Aufgaben zurechtzufinden.

Die Digitalisierung fördert flexible Arbeitsplatz- und Arbeitszeitkonzepte. Durch Echtzeitkommunikation wird die räumliche Nähe überflüssig. Gleichzeitig gewinnen dadurch selbstbestimmte und autonome Arbeitsweisen an Bedeutung. Es findet ein fließender Übergang zwischen Arbeit und Freizeit statt (Bundesministerium für Arbeit und Soziales, 2017). Die physischen und psychischen Folgen einer solchen Entgrenzung wie z. B. der Anstieg der Krankentage und vermehrte psychische Erkrankungen sind schon heute spürbar und werden u. a. vom Deutschen Bundestag konkret benannt (Deutscher Bundestag, 2018).

Die Sorge der Arbeitnehmer um den Arbeitsplatzverlust stellt eine weitere Herausforderung dar. Auch hier wird Anpassung und Umdenken gefordert. Aktuelle Diskussionen zu neuen Arbeitsformen sind von der These geprägt, dass zunehmend Routinetätigkeiten automatisiert werden (Bundesministerium für Arbeit und Soziales, 2017). Vorteilhaft ist, dass Berufstätige somit Entlastung erfahren und sich vermehrt auf wertschöpfende Tätigkeiten konzentrieren können. Außerdem ist mit einer Entschärfung des Fachkräftemangels zu rechnen (Hackl et al., 2017).

Eine Studie von Dettmer & Tietz (2014) stellt die Nachteile der Veränderungen dar. So werden besonders Arbeitnehmer in Produktions-, Transport- und Logistikberufen in den nächsten Jahren mit einem möglichen Verlust ihrer Arbeitsstelle rechnen müssen. Darüber hinaus wird ein Großteil der Bürotätigkeiten zukünftig durch Technik bearbeitet werden können (Dettmer & Tietz, 2014). Frey & Osborne fanden 2013 in ihrer Studie ähnliche Ergebnisse. Demnach werden in den nächsten 10 bis 20 Jahren rund 350 von 702 definierten US-amerikanischen Berufen durch Automatisierungsprozesse ersetzt werden. Die Übertragung dieser Ergebnisse auf Deutschland zeigt, dass rund 47 % der Berufe in dem genannten Zeitraum auch in Deutschland automatisiert werden können (Bonin, Gregory & Zierhan, 2015). Parallel werden neue Jobprofile entstehen, die Kompetenzen wie den digitalen Umgang mit Systemen oder vernetztes Denken benötigen bzw. Fähigkeiten wie Empathie, Kommunikation und Kreativität, die Maschinen nicht bieten können (Hackl et al., 2017).

### *2.1.4 Das VUKA-Modell als Antwort auf die Herausforderungen*

Das VUKA-Modell stammt ursprünglich aus dem militärischen Kontext. Am U.S. Army War College diskutierte man bereits in den 1990er Jahren darüber, dass Kriege im 21. Jahrhundert anders verlaufen werden als bis dahin. Im Fokus würden zukünftig vier Kriterien stehen, die kriegerische Auseinandersetzungen und deren erfolgreichen Verlauf charakterisieren: der Umgang mit Volatilität (volaitility), Unsicherheit (uncertainty), Komplexität (complexity) und Ambiguität (ambiguity) [Kail, 2010]. Die Begriffe bilden das Akronym: VUKA (bzw. VUCA) und werden im Folgenden näher beschrieben:

*Volatilität*

Als volatil werden Situationen und Phasen verstanden, die teilweise starken Schwankungen unterworfen sind. Es handelt sich um instabile, unerwartete und meist plötzlich auftretende Umstände von oftmals unbekannter Dauer. Gleichzeitig sind der Verlauf und die Entwicklung volatiler Situationen nicht linear, sondern sprunghaft und dynamisch (Hänsel, 2016). Wissen über diese Zustände und deren Risiko kann durch vorangegangene Erfahrungen vorhanden sein. Preisschwankungen am Markt sind ein klassisches Beispiel, wobei Volatilität jeden Bereich des Lebens betreffen kann (Bennett & Lemoine, 2014).

*Unsicherheit*

Unsicherheit im VUKA-Kontext beschreibt den Umstand, dass das Wissen, wie man mit solchen Situationen umgeht, nicht ausreichend vorhanden ist. Gemeint sind Situationen, in denen die bereits gemachten Erfahrungen nicht helfen, eine Entscheidung zu treffen. Die Unsicherheit ist nicht an plötzliche Ereignisse oder hohe Geschwindigkeiten geknüpft. Sie kann auch bei Ankündigung und z. B. langen Produktphasen des Wettbewerbers bestehen bleiben. Je weiter Prognosen und Realität auseinanderliegen, desto größer ist die Unsicherheit. Drei Bedingungen können Unsicherheit maßgeblich erzeugen: ein Informationsmangel, ein Überfluss an Informationen und eine Informationsvariabilität (Bird, 2018).

*Komplexität*

In einer komplexen Welt sind viele Teile miteinander verbunden, die miteinander interagieren und viele Protagonisten und Stakeholder sowie verschiedene Bereiche umfassen können (Hänsel, 2016). Es gibt keinen klaren Anfang oder ein definiertes Ende, gegebenenfalls sind nur Teile der Informationen verfügbar oder vorhersagbar (Bennett & Lemoine, 2014). Es ist ein lernendes und sich erinnerndes System. Komplexe Systeme sind interaktiv und passen sich geänderten Bedingungen und Wechselwirkungen von Kräften an (Bird, 2018). Gleichzeitig entsteht eine Eigendynamik; die externe Kontrolle schwindet (Hänsel, 2016). Ein komplexes System unterscheidet sich von einem komplizierten System. Komplizierte Strukturen können klar definiert werden und verfügen über beobachtbare Kausalitäten (Bird, 2018).

*Ambiguität*

Hänsel versteht unter Ambiguität die Mehrdeutigkeit von Situationen. Es wird Abstand genommen von „Schwarz-Weiß-Bewertungen" und „Richtig-Falsch-Denkmustern" (Hänsel, 2016). Heute ist nicht absehbar, welche Handlungen in der Zukunft erfolgreich sein werden. Ursachen und Auswirkungen sind unklar (Bird, 2018). Es gibt keine eindeutige Kausalität (Bennett & Lemoine, 2014). Mehrdeutige Situationen machen es dem Entscheidungsträger schwer, unterschiedliche Ergebnisse zu formulieren, da Wahrscheinlichkeiten nicht zugeordnet werden können (Bird, 2018).

Perspektivoffenheit kann Widerstände und Ängste erzeugen (Hänsel, 2016). Schlink und Walther stellen die Unvollständigkeit der zur Verfügung stehenden Informationen in den Fokus ihrer Definition und sehen Ambiguität als „[...] die subjektive Wahrnehmung einer Unvollständigkeit von Informationen über die Wahrscheinlichkeitsverteilung der möglichen Umweltzustände“ (Schlink & Walther, 2007, S. 158).

Erste praktische Umsetzungen der VUKA-Theorie zeigten sich laut George W. Casey jr., Generalstabschef der US-Armee von 2007 bis 2011, bereits in den militärischen Auseinandersetzungen in Bosnien (1996), im Kosovo (2000) und im Irak (2004 - 2007) [Casey, 2014]. Die erst im Militär verwendeten Akronyme tauchten später auch in der Komplexitätsforschung und im Management auf (Johansen, 2007).

Eine Besonderheit des Modells ist die gleichzeitige Betrachtung der vier dargestellten Aspekte sowie deren Interaktion (Millar, Groth & Mahon, 2018). Boulton, Lindsay, Franklin und Rue kamen 1982 zu dem Ergebnis, dass der Aspekt der Unsicherheit und der Aspekt der Situations- bzw. Umweltbedingungen unabhängig voneinander betrachtet werden müssten (Boulton, Lindsay, Franklin & Rue, 1982). Ettlie, Bridges und Price berücksichtigten in ihren Studien bereits die Einflussfaktoren der organisationalen Umwelt auf das Unsicherheitserleben. Effekte der Ambiguität, Volatilität und Komplexität blieben zunächst unbeachtet (Ettlie, Bridges & Price, 1982).

Die VUKA-Welt setzt eine ständige Bereitschaft zum Wandel voraus, da eine Planung fast unmöglich ist. In der Literatur finden sich viele Parallelen zur menschlichen Evolution. Bereits 1872 stellte Darwin in seinem Hauptwerk „On the Origin of Species“ dar, dass sich Arten im Laufe der Zeit verändern und das Prinzip der natürlichen Auslese gilt: Wer sich am besten an neue Gegebenheiten anpassen kann, wird überleben (Darwin, 1872).

Mit Veränderungen musste der Mensch sich ständig beschäftigen (Hänsel, 2016). In den letzten Jahrzehnten hat sich jedoch die Geschwindigkeit von Veränderungen deutlich erhöht. Technologische Möglichkeiten haben sich exponentiell vermehrt (Petry, 2018). Petry spricht daher auch von einem „Zeitalter der Beschleunigung“ (Petry, 2018, S. 18).

VUKA kann eine Lösung sein, um z. B. Managementrisiken in einer dynamischen, nahezu chaotischen Welt zu verringern sowie u. a. Teamarbeit, Agilität, strategisches Denken und die Entscheidungsfindung zu stärken (Bird, 2018). Ein erfolgreicher Umgang mit Volatilität ist dann möglich, wenn klare Visionen und Strategien entwickelt werden. Ein vertieftes Verständnis der Umweltfaktoren (hinderliche sowie dienliche) fördern die Sicherheit. Klare Prioritäten sorgen für eine Lösungsorientierung auch bei hoher Komplexität und Agilität und ermöglichen rasche Reaktionen auf Mehrdeutigkeit (Eppler, 2015).

In der Literatur finden sich vereinzelt erste Studien, die dieses erfolgreiche Handeln in einer VUKA-Welt thematisieren. Seow, Pan & Koh (2019) gehen der Frage nach, inwieweit Studenten einer Universität in Singapur durch angepasste Vorlesungen und Lehrinhalte an die VUKA-Kriterien bereits frühzeitig den Umgang mit Komplexität, Unsicherheit, Volatilität und Ambiguität erlernen. Die Ergebnisse zeigen, dass diese Studenten im Vergleich zu einer Kontrollgruppe ohne veränderten Lehrplan bessere Problemlösefähigkeiten entwickelt haben. Jedoch sind diese Ergebnisse nicht signifikant. In der direkten Befragung gaben die Studenten an, dass sie ihre kognitiven, interpersonalen und intrapersonalen Fähigkeiten verbessern konnten (Seow, Pan & Koh, 2019).

Eine Forschungsarbeit in Tunesien stellte 2018 die Hypothese auf, dass VUKA-Bedingungen die strategische Planung von Unternehmen beeinflussen werden und zukünftig Softskills wie z. B. strategische Flexibilität, innovatives Denken und Kreativität sowie kommunikative Fähigkeiten an Bedeutung gewinnen werden (Abidi, 2018). Erste Ergebnisse stärken diese Hypothese und bilden die Basis, um weitere Empirie hieran anzuschließen.

Darüber hinaus ist das VUKA-Modell bisher wenig bekannt. Dies mag an den wenigen Forschungsergebnissen liegen. Laut Bird befindet sich das Modell noch in einem Rohzustand, der dringend eine empirische Basis benötigt (Bird, 2018).

### 2.1.5 AMBIGUITÄTSTOLERANZ/AMBIGUITÄTSINTOLERANZ

Das bipolare Konstrukt der Ambiguitätstoleranz/Ambiguitätsintoleranz wird oftmals breiter definiert als der in der VUKA-Theorie dargestellte allgemeine Begriff der Ambiguität. Der Begriff geht zurück auf Else Frenkel-Brunswick, die sich an den Arbeiten zum „Autoritären Charakter“ (Adorno, Frenkel-Brunswik, Levinson & Sanford, 1949) orientierte (Reis, 1996). Frenkel-Brunswick erforschte verschiedene Verhaltensweisen, die sie Menschen mit mehr oder weniger starker Ambiguitätstoleranz zuordnete und in Zusammenhang mit weiteren Persönlichkeitsmerkmalen setzte, u. a. der Autorität (Frunham & Marks, 2013). König & Dalbert definieren das Konstrukt der Ambiguitäts- und Ungewissheitstoleranz angelehnt an Budner (1962): „Als ungewiss im Sinne des Konstruktes gelten Situationen, die mehrdeutig, komplex, unlösbar und/oder neu sind“ (König & Dalbert, 2004, S. 191). Subsummiert werden unter der Ambiguitätstoleranz auch die Ungewissheitstoleranz (Frenkel-Brunswik, 1949) und die Unsicherheitstoleranz (Schienle, Köchel, Ebner, Reishofer & Schäfer, 2010). Studien konnten hier vermehrt empirische und konzeptionelle Überschneidungen feststellen (Lauriola, Foschi, Mosca & Weller, 2016).

Die andere Seite des Pols bildet die Ambiguitätsintoleranz. Diese beschreibt Frenkel-Brunwick als: „Tendency to resort to black-white solutions, to arrive at premature closure as to valuative aspects, often at the neglect of reality, and to seek for unqualified an unambiguous overall acceptance and rejection of other people“ (Frenkel-Brunswick, 1949, S. 115). Hierauf aufbauend und verkürzt dargestellt, sieht Kischkel unstrukturierte, widersprüchliche und unvollständige Situationen als Ursache für physisches Unwohlsein von ambiguitätsintoleranten Menschen (Kischkel, 1984).

Budner stellte in seinen Untersuchungen fest, dass die individuelle Neigung hin zu einem der Pole zu einem aktiven Verhalten führt. Ambiguitätstolerante Menschen streben nach ambiguitiven Situationen und Reizen, wohingegen ambiguitätsintolerante Menschen diese aktiv meiden (Budner, 1962). Praktischen Bezug bekommen die Definitionen u. a. durch die Ambiguitätsaversionstheorie nach Ellsberg (1961). Im Experiment stellte Ellsberg fest, dass Menschen sich eher für ein bekanntes Risiko entscheiden, wenn sie sich zwischen den Möglichkeiten bekannt und ambigue entscheiden können, obwohl die Gewinnwahrscheinlichkeit der Risikomöglichkeit höher ist (Schlink & Walther, 2007).

Als weiteren Gegenpol zur Ambiguitätstoleranz sehen Webster & Kruglanski (1994) die „kognitive Geschlossenheit". Hierunter wird „das Streben nach einer eindeutigen Antwort auf eine Frage oder ein Problem" verstanden (Webster & Kruglanski, 1994, S. 1049). Schlink und Walther konnten in ihren Forschungen feststellen, dass diese kognitive Geschlossenheit eine Moderatorvariable für den Ambiguitätsaversionseffekt nach Ellsberg darstellt (Schlink & Walther, 2007). Menschen mit einer geringen Ambiguitätstoleranz wählen somit das geringere Risiko, auch wenn sich daher die Gewinnwahrscheinlichkeit reduziert.

Forscher sind sich bisher nicht darüber einig, ob es sich bei der Ambiguitätstoleranz um ein Persönlichkeitsmerkmal, einen Kontextfaktor oder ein sozialpsychologisches Konstrukt für Gruppenvergleiche handelt. Daher wird - je nach Studie - die Ambiguitätstoleranz unterschiedlich operationalisiert (Furnham & Marks, 2013).

Zu dem mehr oder weniger breitgefassten Konstrukt der Ambiguitätstoleranz/Ambiguitätsintoleranz finden sich vielfältige evidenzbasierte Studien über die letzten 60 Jahre, die insbesondere neurobiologische Erkenntnisse in den Fokus stellen (Merrotsy, 2013).

So kann vielfach eine erhöhte Amygdala-Aktivität im Zusammenhang mit Unsicherheitsintoleranz nachgewiesen werden (Schienle et al., 2010). Neben moderierenden Effekten lassen sich auch Verknüpfungen zu Angst- und Zwangsstörungen nachweisen (Schienle et al., 2010). 2012 konnten Gole, Schäfer & Schienle diese Ergebnisse durch eigene Studien stärken.

Empirische Nachweise finden sich darüber hinaus auch in anderen Hirnarealen, während die Probanden Unsicherheit empfinden (Herwig, Kaffenberger & Jäncke, 2007). Es wird davon ausgegangen, dass diese Hirnregionen für Bewältigungsstrategien in unsicheren Situationen zuständig sind und dafür sorgen, dass sich der Mensch auf verschiedene mögliche Zukunftsszenarien vorbereiten kann (Schienle et al., 2010).

Unter sozialpsychologischen Gesichtspunkten ist das Konstrukt hingegen wenig beforscht und bezieht sich auf einzelne Gruppen, z. B. Alters- oder Berufsgruppen.

Thielsch, Andor & Ehring konnten 2015 u. a. Zusammenhänge zwischen der Menge an Sorgen, die sich Heranwachsende machen und deren Unsicherheitstoleranz feststellen. Die Sorge der Jugendlichen wird übermächtig, wenn eine hohe Ungewissheitsintoleranz vorliegt (Thielsch, Andor & Ehring, 2015).

König & Dalbert gingen 2004 der Frage nach, inwieweit die Ungewissheitstoleranz von Berufsschullehrern einen Einfluss auf deren Befinden hat. Es konnte nachgewiesen werden, dass sich die Probanden in ihrer Ungewissheitstoleranz unterscheiden und dies einen signifikanten Einfluss auf das Belastungserleben der Lehrer hat (König & Dalbert, 2004). Eine hohe Ungewissheitstoleranz kann demnach eine Ressource in Lehrberufen darstellen (König & Dalbert, 2004).

2000 fanden Chen & Hooijberg ihre Hypothese bestätigt, dass bei einer hohen Ambiguitätsintoleranz die Bereitschaft, sich in Gleichberechtigungsprojekten zu engagieren, signifikant sinkt. Hierbei zeigten sich auch geschlechtsabhängige Unterschiede. Frauen waren eher bereit zu unterstützen als männliche Probanden (Chen & Hooijberg, 2000). Vergleichbares zeigte sich zwischen Minderheiten und Mehrheitsgruppen, wobei Probanden der Minderheitsgruppe eine höhere Bereitschaft zeigten (Chen & Hooijberg, 2000).

## 2.2 Persönlichkeitspsychologie

So unterschiedlich die Menschen sind, so vielfältige und teilweise widersprechende Definitionen des Begriffes Persönlichkeit finden sich in der Literatur (Simon, 2010). Bereits in den 1930er Jahren definierte Allport die Persönlichkeit als „dynamische Ordnung derjenigen psychophysischen Systeme im Individuum, die sein charakteristisches Verhalten und Denken determinieren" (Allport & Bracken, 1970, S. 28). Die Persönlichkeit sollte jedoch nicht auf rein psychologischer Ebene betrachtet werden. Viel zu differierend sind u. a. genetische, gesellschaftliche, kulturelle Faktoren sowie Erziehung, Erfahrungen, Werte, Motive und Gewohnheiten einer Person. Auch Umweltfaktoren haben einen entscheidenden

Einfluss (Simon, 2010). Genforschungen zeigen beispielsweise, dass Persönlichkeitseigenschaften immer auch durch die Familiengenetik beeinflusst werden (Loehlin, 2000).

Auch die Personen-Situations-Kontroverse, angestoßen durch Kendrick & Funder (1988), spielt eine Rolle in der Persönlichkeitspsychologie. Forscher stellen hierbei - je nach Forschungsansatz - die Situation oder die Person in den Mittelpunkt der Persönlichkeitsgestaltung. Heute geht man davon aus, dass ein Zusammenspiel zwischen der Person und der jeweiligen Situation das Verhalten beeinflussen (Funder, 2006). Gerrig & Zimbardo berücksichtigen diese Faktoren und fassen Persönlichkeit als individuelle, verhältnismäßig zeitstabile Eigenschaften eines Menschen zusammen, die dessen unterschiedliche Reaktionen in verschiedenen Situationen beeinflussen (Gerrig & Zimbardo, 2008).

### *2.2.1 Persönlichkeitstheoretische Grundmodelle*

Persönlichkeitsmodelle versuchen die menschliche Individualität und die daraus resultierenden Verhaltensweisen durch unterschiedliche Ansätze fassbar zu machen (Simon, 2010). Ziel der Theorien ist es, das menschliche Wesen allgemein zu erklären und gleichzeitig die Individualität jedes einzelnen Menschen zu betonen (Rammsayer & Weber, 2016).

Der Ansatz der Typenlehre kategorisiert Menschen in unterschiedliche Gruppen. Hierbei wurde zunächst von einem Alles-oder-Nichts-Prinzip ausgegangen. Der Mensch wurde demnach eindeutig einer Gruppe mit spezifischen Persönlichkeitsmerkmalen z. B. auf Basis seiner Körpersäfte (Galen [1538], zitiert nach Kühn, 1965, S. 1 - 20), seines Körperbaus (Sheldon, 1942) oder der Geburtenreihenfolge (Sulloway, 1996) zugeordnet.

Sigmund Freud gilt als Begründer der psychodynamischen Theorien. Er vertrat die Annahme, dass die Persönlichkeit und das Verhalten durch innere Kräfte geformt und angetrieben werden. Die inneren Kräfte sind angeborene Triebe, die nach Befriedigung streben (Asendorpf & Neyer, 2012).

Vertreter der humanistischen Persönlichkeitstheorie z. B. Abraham Maslow und Carl Rogers sehen die Motivation zur Selbstentfaltung und Wachstumsstreben als Motor für das gezeigte Verhalten (Rammsayer & Weber, 2016).

Eine Verbindung zwischen Persönlichkeit und Verhaltensweise versuchen lerntheoretische Ansätze zu finden. Forscher wie z. B. Ivan Pavlov (1927) gehen davon aus, dass Menschen an der Schaffung ihrer Persönlichkeit beteiligt sind und Verhalten bewusst gezeigt wird, je nachdem mit welcher Reaktion gewohnheitsmäßig zu rechnen ist bzw. welche Reaktion konditioniert wird (Simon, 2010).

Kognitive Forschungsansätze sehen den Menschen als Wissenschaftler und Forscher, der die Umwelt durch seine individuelle Interpretation kontrolliert, beeinflusst und vorhersagt (Weber & Westmeyer, 2005).

### *2.2.2 DER EIGENSCHAFTSORIENTIERTE ANSATZ*

Derzeit gibt es noch keine umfassende Persönlichkeitstheorie (Simon, 2010). Vielmehr haben sich im Laufe der Jahre unterschiedliche Persönlichkeitsmodelle entwickelt, je nachdem auf welche Determinanten ein Fokus gelegt wird. Sie leisten damit einen unterschiedlichen Forschungsbeitrag. Viele Modelle sind im Laufe der Jahre verändert und erweitert worden (Gerrig & Zimbardo, 2008).

Der Eigenschaftsorientierte Ansatz oder Trait-Ansatz geht zurück auf den Psychologen Gordon Allport. Er definierte Traits als zeitstabile, kaum veränderbare Eigenschaften eines Menschen - unabhängig von situativen Umweltfaktoren (Gerrig & Zimbardo, 2008).

Joy P. Guilford bündelte die unterschiedlichen Wesenszüge (Traits) eines Menschen unter dem Begriff der Persönlichkeit. Er unterschied zwischen sieben Bereichen, denen er die Persönlichkeitseigenschaften zuordnen konnte. Damit konnte er Menschen und ihre Wesenszüge miteinander vergleichen. Im Einzelnen lauteten diese Bereiche: Morphologie, Physiologie, Bedürfnisse, Interessen, Einstellungen, Eignung und Temperament (Guilford, 1959). So bildete er Kategorien, um die Persönlichkeit beschreibbar zu machen.

Sir Francis Galton, ein englischer Forscher, sammelte 1884 rund 1000 Wörter im Thesaurus und Wörterbüchern, mit denen man Persönlichkeit beschreiben konnte, da er davon ausging, dass es einen Zusammenhang zwischen Sprache und Persönlichkeit geben muss (Galton, 1884). Als erster Forscher wählte er den sogenannten lexikalischen Ansatz zur Persönlichkeitsbeschreibung (Goldberg, 1990).

Erste Veröffentlichungen und empirische Forschungen zu Persönlichkeitseigenschaften liegen von Allport & Henry S. Odbert aus dem Jahr 1921 vor. Sie zählten Wörter und ordneten diese schlussendlich vier Kategorien zu. Sie ermittelten 4.504 Merkmalsausprägungen, die die Persönlichkeit eines Menschen beschreibbar machen (Allport & Odbert, 1936). Diese Vorgehensweise basierte auf der Annahme, dass bestimmte Verhaltensmerkmale auf gemeinsame Faktoren rückführbar sind (Simon, 2010). Durch Faktorenanalysen werden Wortgruppen immer weiter zu Kategorien verdichtet. So bilden sich wenige Dimensionen, die eine Vielzahl an Facetten eines Persönlichkeitsmerkmals abbilden können (Moshagen, Hilbig & Zettler, 2014).

Raymond Cattell baute auf den Studien von Allport & Odbert auf. Mit Hilfe einer Faktorenanalyse gelang es ihm, die Merkmalsausprägungen auf eine nutzerfreundliche Anzahl von 46 Merkmalsausprägungen zu senken, die die Persönlichkeit eines Menschen umfassend beschreibbar machen sollten. Nach weiteren faktorenanalytischen Forschungen gelang es ihm später, 16 Primärfaktoren der Persönlichkeit zu identifizieren (Cattell & Kline, 1977).

Einem faktorenanalytischen Ansatz folgte auch Hans J. Eysenck, der sich bei seinen Studien zunächst auf drei Dimensionen beschränkte, die die Persönlichkeit beschreiben sollten: Neurotizismus, die bipolare Dimension Extra-/Introversion sowie der Psychotizismus (Eysenck, 1944).

Gegenwärtig gilt der eigenschaftsorientierte Ansatz als die anerkannteste Theorie in der Persönlichkeitsforschung (Rammsayer & Weber, 2016). Individuelle Merkmalsausprägungen machen die Persönlichkeit eines Menschen beschreibbar und lassen Rückschlüsse auf das gezeigte Verhalten zu. Umgekehrt kann von dem beobachteten Verhalten auf Persönlichkeitseigenschaften geschlossen werden. Diese Merkmalseigenschaften werden als vergleichsweise zeitstabil und situationsunabhängig beschrieben (Faller & Schowalter, 2016).

### 2.2.3 *Das Fünf-Faktoren-Modell der Persönlichkeit*

Das etablierteste und evidenzbasierte faktorenanalytische Modell der eigenschaftsorientierten Ansätze ist das Fünf-Faktoren-Modell der Persönlichkeiten nach Costa & McCrae (1985). Auf Basis des psycho-lexikalischen Ansatzes und der Pionierarbeit der u. a. bereits in Kapitel 2.2.2 genannten Forscher konnte zunächst Goldberg 1981 fünf Grunddimensionen ermitteln, die ausreichen, um die unterschiedlichen Persönlichkeiten des Menschen zu beschreiben. Diese werden heute allgemein als Big Five bezeichnet (Moshagen at al., 2014).

Costa & McCrae forschten parallel zu Goldberg und konnten durch große Datensätze repräsentative empirische Befunde liefern (Costa & McCrae, 1985; 1989; 1992; 1997) und die Robustheit der Dimensionen nachweisen (Fehr, 2010). Aufgrund der hohen Konvergenz werden der Big-Five-Ansatz und das Fünf-Faktoren-Modell heute als ein einheitliches Konzept verstanden (Gerlitz & Schupp, 2005).

Der Einfluss der Dimensionen auf das menschliche Erleben und Verhalten konnte für zahlreiche Bereiche nachgewiesen werden. Korrelationen fanden sich u. a. zu Persönlichkeitsstörungen (Samuel & Widiger, 2008), beruflicher Leistung (Barrick, Mount & Judge, 2001) und das allgemeine Wohlbefinden (DeNeve & Cooper, 1998).

Auch die psychometrische Qualität und Güte dieses Modells konnte hinreichend in nationalen und internationalen Studien u. a. über Altersunterschiede, verschiedene Stichproben und Erhebungsmaterial hinaus bewiesen werden (Goldberg, 1990). Multitrait-Multimethod-Methoden konnten außerdem überzeugende diskriminante und konvergente Validitäten nachweisen (Ostendorf & Angleitner, 2004). Weiterhin verfügt das Fünf-Faktoren-Modell über eine hohe Zeitstabilität (Heckhausen & Heckhausen, 2018).

Kritisch sieht Block an dem Modell, dass der lexikalische Ansatz rein sprachliche Aspekte berücksichtigt und in der Beschreibungsebene verharrt. Der Situationskontext, der ebenfalls einen entscheidenden Einfluss auf das Verhalten hat, da hierdurch unterschiedlich starke Ausprägungen gezeigt werden können, bleibt unberücksichtigt (Block, 1995). Weiterhin bleibt eine mögliche Mehrdeutigkeit der Begrifflichkeiten unerwähnt (Block, 1995). Eine Limitierung auf fünf Dimensionen lässt die Frage offen, ob es weitere relevante Persönlichkeitsfacetten gibt, die im Fünf-Faktoren-Modell unberücksichtigt bleiben. (Faullant, 2007). Zahlreiche Modellansätze und Studien gehen von einer höheren Dimensionalität aus (Andresen, 2015). Darüber hinaus sieht sich das Modell der Kritik ausgesetzt, dass es interpersonale Aspekte zwischen Personen erfasst, jedoch weniger intraindividuelle Unterschiede (Herzberg & Roth, 2014).

Trotz kritischer Aspekte wird vielfach an dem Modell festgehalten. So betonen z. B. Goldberg & Saucier, dass das Modell noch nicht vollständig entwickelt ist, es aber als leicht verständliches Persönlichkeitsmodell seinen Nutzen unter Beweis gestellt hat (Goldberg & Saucier, 1995). Nachfolgende Abbildung zeigt die fünf Dimensionen in der deutschen Übersetzung im Überblick.

| Dimension des Fünf-Faktoren-Modells | Untergeordnete Eigenschaften der Dimension |
|---|---|
| Neurotizismus/emotionale Instabilität | Nervosität, Ängstlichkeit, Erregbarkeit |
| Extraversion | Geselligkeit, Nicht-Schüchternheit, Aktivität |
| Verträglichkeit/Liebenswürdigkeit | Wärme, Hilfsbereitschaft, Toleranz |
| Gewissenhaftigkeit | Ordentlichkeit, Beharrlichkeit, Zuverlässigkeit |
| Offenheit für Erfahrungen/Intellekt | Gebildetheit, Kreativität, Gefühl für Kunst |

**Abb. 4**: Deutsche Bezeichnungen für die fünf Dimensionen des Fünf-Faktoren-Modells sowie untergeordnete Eigenschaften (eigene Darstellung nach Asendorpf, 2007, S.155).

Abgeleitet von dem Modell finden sich eine Vielzahl von Persönlichkeitsinventaren mit mehr oder weniger hoher Güte. Hierzu zählen z. B. der Big-Five-Persönlichkeitstest (z. B. B5T) das Neo-Personality Inventory (NEO-PI), das NEO-Personality Inventory-Revised (NEO-FFI) oder das HEXACO-Personality Inventory (HEXACO-PI), welches zusätzlich eine sechste Dimension berücksichtigt (Wakabayashi, 2014).

### 2.2.4 *DAS SECHS-FAKTOREN-MODELL*

Abgeleitet vom Fünf-Faktoren-Modell von Costa & McCrae (1985) entwickelten Ashton & Lee ein Sechs-Faktoren-Modell. Das Sechs-Faktoren-Modell weist viele Parallelen und eine vergleichbare Struktur zum Fünf-Faktoren-Modell auf. Es kann daher als Alternativmodell bzw. Erweiterungsmodell zum Fünf-Faktoren-Modell gesehen werden. Jedoch ist umstritten, ob das Modell mit einer höheren Aussagekraft bewertet werden kann (Wakabayashi, 2014).

Fest steht, dass einem Teil der Kritikpunkte am Fünf-Faktoren-Modell Rechnung getragen wird. So wurden die Forschungen z. B. stärker auf internationaler Ebene ausgeweitet. Durch die Erweiterung des Sprachraums konnte eine weitere sechste unabhängige Dimension ermittelt werden: die Facette Ehrlichkeit-Bescheidenheit (engl. Honesty-Humility) [Schreiber, Mueller & Morell, 2018]. Ein Hauptkritikpunkt des Fünf-Faktoren-Modells, dass die Persönlichkeit nicht in fünf Dimensionen abbildbar sei, konnte somit verringert werden.

Durch die Hinzunahme einer weiteren Dimension verändern sich die Definitionen der einzelnen Bereiche und Subfacetten. So werden die Konstrukte Emotionalität (engl. Emotionality) und Verträglichkeit (engl. Agreeableness) von Ashton & Lee anders operationalisiert (Wakabayashi, 2014), da der hinzugefügte sechste Faktor Ehrlichkeit-Bescheidenheit Teile der Unterfacetten dieser Dimensionen mit abdeckt (Mohagen at al., 2014).

Der Bezeichnung „HEXACO“ liegen neben der Faktorenanzahl („hexa“ bedeutet im Altgriechischen „sechs“) die englischen Akronyme der sechs Faktorenbezeichnungen zugrunde. Diese lauten in der englischen Übersetzung: Honesty-Humility, Emotionality, Extraversion, Agreeableness, Conscientiousness und Openess to Experience (Moshagen at al., 2014).

Ashton & Lee entwickelten auf Basis des Modells ein Persönlichkeitsinventar: das HEXACO Personality Inventory (HEXACO–PI) sowie die revidierte Fassung (HEXAVO-PI-R). Der HEXACO liegt heute in verschiedenen Fassungen und Sprachen sowie in kurzen und langen Versionen mit unterschiedlicher Itemanzahl vor und bietet somit - besonders durch weitestgehend kulturelle Unabhängigkeit - einen entscheidenden Mehrwert zum Big-Five-Ansatz und dem Fünf-Faktoren-Modell (Wakabayashi, 2014).

Verschiedenste internationale Studien bestätigen, dass es sich bei dem Testverfahren um ein objektives, reliables und valides Messinstrument handelt, um die Persönlichkeit von Menschen zu beschreiben (Wakabayashi, 2014).

## 2.3 AKTUELLER FORSCHUNGSSTAND

Viele Studien gehen der Frage nach, inwieweit die Persönlichkeit den Berufserfolg eines Menschen beeinflusst (Johnson, Rowatt, Klimesch, 2009, Barrick & Mount, 1991und Hurtz & Donavon, 2000). Auch die Thematik, welche Persönlichkeitsfacetten einen erfolgreichen Unternehmer charakterisieren, ist vielfach beforscht (Brandstätter, 2011). Diese Studienergebnisse lassen sich jedoch nur teilweise auf die vorliegende Forschungsarbeit übertragen, da die Ergebnisse sich u. a. auf aktuelle und nicht zukünftige Arbeitsbedingungen beziehen und den Einfluss der Ambiguitätstoleranz unbeachtet lassen.

Auffallend ist, dass die wenigen Studien, die sich überhaupt mit einem Zusammenhang zwischen Persönlichkeit und neuen Arbeitsformen auseinandersetzen, sich auf einige wenige Facetten der Persönlichkeit beziehen oder nur einzelne klar abgrenzbare Kriterien neuer Arbeitsformen beleuchten.

Huber, Eggenhofer, Schäfer & Römer beschäftigt die These, inwieweit die Zusammensetzung der Persönlichkeiten in virtuellen, interdisziplinären Teams den Teamerfolg beeinflusst. Die Ergebnisse legen nahe, dass sich Extraversion in der virtuellen Interaktion nachteilig auf die Leistung auswirkt. Personen mit einem hohen neurotizistischen Merkmalsanteil können hingegen ihr Potential leichter entfalten (Huber et al., 2007).

Die geforderte zunehmende Fähigkeit liberal, offen und interkulturell zu agieren, findet sich in den Hypothesen einer 2014 veröffentlichten Studie von Kajonius und Dadermann wieder. Am Beispiel schwedischer Studenten konnten positive Zusammenhänge zwischen der Persönlichkeitsdimension Ehrlichkeit-Bescheidenheit und einer interkulturellen Stärke der Probanden gemessen werden (Kajonius & Daderman, 2014).

In einer 30 Jahre dauernden Längsschnittstudie fand Befunde, dass das Persönlichkeitsmerkmal der Offenheit dann Kreativität fördert, wenn es von einer hohen Ambiguitätstoleranz begleitet wird (Helson, 1999).

Dass die Ambiguitätstoleranz Einfluss auf unser Empfinden hat und diese Empfindungen schlussendlich mehr oder weniger große Auswirkungen auf unsere Arbeitsproduktivität haben, zeigen verschiedene Forschungen ansatzweise. Menschen mit einer hohen Ambiguitätstoleranz scheinen glücklicher zu sein (Bardi, Guerra, Sharadeh & Ramdeny, 2009), motivierter zu lernen (Tapanes, Smith & White, 2009), über mehr Selbstbewusstsein zu verfügen (Wolfradt, Oubaid, Straube, Bischoff & Mischo, 1999) und Offenheit für interkulturelle Erfahrungen zu zeigen (Caligiuri & Tarique, 2012). Bei allen Aspekten handelt es sich um Faktoren, die in neuen Arbeitsformen benötigt werden.

Menschen mit einer geringen Ambiguitätstoleranz sind sorgenvoller (Buhr & Dugas, 2006), neigen zur Angst und Depression (Bardi et al., 2009) und weisen eine höhere stressbedingte Belastung auf (Greco & Roger, 2001).

Das Konstrukt der Ambiguitätstoleranz ist bereits vielfach erforscht. Die Anfänge der Forschung finden sich in 1949 und nehmen seitdem kontinuierlich zu. Es finden sich internationale Studien zu dieser Thematik; viele aus dem englischsprachigen Raum. Daher gibt es nur wenige Testverfahren, die in andere Sprachen übersetzt wurden. Die Anwendungsbereiche sind so vielfältig wie das Konstrukt selbst. Sie finden sich u. a. in der klinischen und medizinischen Psychologie und in der Arbeits- und Organisationspsychologie wieder (Furnham & Marks, 2013).

Die Hypothesenableitung der vorliegenden Forschungsarbeit bezieht sich im Schwerpunkt auf eine Studie, die von der Universität in Melbourne/Australien 2019 veröffentlicht wurde. Die Studie bezieht sich auf einen 2018 generierten Datensatz von N = 308 nordamerikanischer Probanden. Diese wurden über den Online-Marktplatz Amazon Mechanical Turk angeworben (Jach & Smillie, 2019). Ein Fokus der Studie liegt auf der Betrachtung der Zusammenhänge zwischen der Ambiguitätstoleranz und den Persönlichkeitsfacetten Extraversion, Neurotizismus und Offenheit für Erfahrungen anhand des Big Five (Jach & Smillie, 2019). Ziel der Forschungsarbeit ist es, ein erweitertes Verständnis dafür zu schaffen, das Individuen aufgrund ihrer Persönlichkeit unterschiedlich auf unbekannte und mehrdeutige Situationen reagieren können.

Jach & Smillie fanden heraus, dass die Persönlichkeitsfacetten Extraversion und Offenheit für Erfahrungen positiv mit der Ambiguitätstoleranz korrelieren. Für Extraversion konnten folgende Werte nach Fishers z-Transformation berechnet werden. Für Extraversion wurden die Werte $z = -2.30$, $p = 0.021$ berechnet und für Offenheit für Erfahrungen: $z = -1.55$, $p = 0.061$(Jach & Smillie, 2019). Sie beziehen sich hierbei u. a. auf Studienergebnisse von Caligiuri & Tarique, die in ihrer Testbatterie Korrelationen zwischen Extraversion und Offenheit für Erfahrungen und der Ambiguitätstoleranz von $r_s = .24$ feststellen konnten (Caligiuri & Tarique, 2012). DeYoung postulierte hierzu bereits 2013, dass Menschen mit diesen Merkmalsausprägungen das Unbekannte als Motivation, etwas zu erforschen und als Belohnung ansehen (DeYoung, 2013). Neurotizismus hingegen korreliert negativ mit der Ambiguitätstoleranz ($z = 3.57$, $p < 0.001$), da unbekannte Situationen als bedrohlich und aversiv wahrgenommen und bewertet werden (Jach & Smillie, 2019). Hier konnten bereits zuvor Korrelationen von $r \sim .50$ zwischen Neurotizismus und der Unsicherheitstoleranz errechnet werden (Berenbaum, Bredemeier & Thompson, 2008).

Neben der Ambiguitätstoleranz finden sich in der Literatur zahlreiche weitere Kriterien, über die Erwerbstätige verfügen müssen, um produktiv in neuen Arbeitsformen arbeiten zu können. Das vorliegende Forschungsdesign bezieht sich ausschließlich auf die Ambiguitätstoleranz, die hier stellvertretend für alle weiteren Kriterien des New Work-Gedankens beleuchtet wird.

## 2.4 Forschungsfrage und Weiterbildung

Wie bereits in den vorangehenden Kapiteln erläutert, werden zukünftig neue Anforderungen an Erwerbstätige gestellt werden. Welche Kriterien den beruflichen Erfolg zukünftig determinieren, wurde ebenfalls bereits vorgestellt.

Der vorliegenden Forschungsarbeit liegt die Vermutung zugrunde, dass Erwerbstätige in Zukunft u. a. über eine ausreichende Ambiguitätstoleranz verfügen müssen, um erfolgreich und produktiv in neuen Arbeitsformen tätig zu sein. Bisher gibt es nur wenige Studien, die sich mit dieser Thematik befassen. Ziel der Forschungsarbeit ist es, Überlegungen und Analysen weiterzuführen. Ein gegenwärtiger Erkenntnisgewinn kann den zukünftigen Umgang mit Veränderungen erleichtern.

Aufbauend auf den Gedankengängen vorheriger Studien und Untersuchungen lassen sich die Ergebnisse auf folgende Fragestellungen und gerichtete Zusammenhangshypothesen verdichten. Es werden gerichtete Hypothesen berechnet, da unterstellt wird, dass die Persönlichkeit von der Ambiguitätstoleranz beeinflusst wird und diese Beeinflussung Auswirkungen auf die Arbeitsproduktivität der Erwerbstätigen haben wird.

Fragestellungen:

F1: *Können die Persönlichkeitsdimensionen Extraversion, Offenheit für Erfahrungen und Emotionalität des HEXACO durch die Facetten der Ambiguitätstoleranz erhellt werden?*

Wie bereits dargestellt, zählt die Ambiguitätstoleranz zu den Kriterien neuer Arbeitsformen, um erfolgreich sein zu können und um die Arbeitsproduktivität (mindestens) zu halten. Zusammenhänge zwischen drei Persönlichkeitsfacetten des Big Five und der Ambiguitätstoleranz konnten Jach & Smillie bereits nachweisen. Aus diesen Ergebnissen kann geschlossen werden, dass bestimmte Persönlichkeitsprofile über eine hohe Ambiguitätstoleranz verfügen (Jach & Smillie, 2019). Somit werden diese Menschen in neuen Arbeitsformen u. a. aufgrund ihrer Persönlichkeit produktiv arbeiten können.

F2: *Wird die Aufklärung der Ausprägung der Persönlichkeitsfacetten größer, je mehr Facetten der Ambiguitätstoleranz genutzt werden?*

Ebenso wie der HEXACO besteht die Ambiguitätstoleranz aus mehreren Unterfacetten.

Zeigen die Unterfacetten eine mehr oder weniger starke Ausprägung, könnte hiervon eine Hierarchie abgeleitet werden, die zeigt, welche Unterfacette und wie viele Unterfacetten der Ambiguitätstoleranz benötigt werden, um die Persönlichkeitsfacetten des HEXACO bestmöglich abzubilden. Dies könnte Ansatzpunkte für die Entwicklung neuer Testbatterien in diesem Forschungszweig liefern.

Jach & Smillie konnten bereits 2019 einen positiven Zusammenhang zwischen den zwei Facetten des Big Five und der Ambiguitätstoleranz feststellen und untermauern diese Hypothese. Dies führt zu der Frage, ob ähnliche Ergebnisse mit anderen Testverfahren und einer anderen Stichprobe reproduzierbar sind.

Diese Fragestellungen sowie der aktuelle Forschungsstand konnten zu folgenden gerichteten Zusammenhangshypothesen verdichtet werden.

H1: *Je höher die drei Facetten der Ambiguitätstoleranz, desto höher die Ausprägung der Extraversion.*

H2: *Je höher die drei Facetten der Ambiguitätstoleranz, desto höher die Ausprägung der Offenheit für Erfahrungen.*

Eine weitere Hypothese baut ebenfalls auf der Studie von Jach & Smillie auf. Können auch hier gleiche Ergebnisse mit unterschiedlichen Testverfahren und Stichproben ermittelt werden? Sollte dies der Fall sein, kann tatsächlich davon ausgegangen werden, dass die Ambiguitätstoleranz mit der Persönlichkeit zusammenhängt und hemmende Einflüsse auf die Arbeitsproduktivität haben kann. Weiterhin wird das Persönlichkeitsmerkmal Neurotizismus aufgrund anderer Testinstrumente durch das ähnlich operationalisierte Konstrukt der Emotionalität ersetzt und ermöglicht somit eine Vergleichbarkeit der Testergebnisse.

H3: *Je höher die drei Facetten der Ambiguitätstoleranz, desto niedriger die Ausprägung der Emotionalität.*

Vorangegangene Studien legen einen Zusammenhang der Konstrukte nahe (Jach & Smillie, 2019). Bisher wurde der Einfluss der Persönlichkeitsmerkmale (unabhängige Variablen) auf die Ambiguitätstoleranz (abhängige Variable) geprüft. Die vorliegende Studie dreht die Richtung des Einflusses um und definiert die Persönlichkeitsmerkmale als abhängige Variablen. Weiterhin werden ähnliche Analysen mit anderen Messinstrumenten überprüft.

Die Subfacetten von Persönlichkeitstests können einen unterschiedlich hohen Einfluss auf die Aufklärung der abhängigen Variablen haben. Zunächst soll dieser Einfluss getestet werden. Weiterhin soll dann schrittweise ermittelt werden, in welchem Maß die Subfacetten bedeutend sind, um den Zusammenhang darzustellen. Die Forschung zeigt, dass Subfacetten gegebenenfalls gestrichen werden können, da sie keinen Mehrwert zum Modellfit liefern (Stoetzer, 2017).

Erkenntnisse in diesem Bereich könnten eine erste Grundlage bilden, um Testverfahren zu entwickeln, die die Ambiguitätstoleranz in Verbindung mit den Persönlichkeitsfacetten bestmöglich prüfen, um diese zukünftig in der Personalauswahl und -entwicklung einsetzen zu können. Hieraus ergeben sich sechs weitere Hypothesen.

H4: *Die Facetten der Ambiguitätstoleranz haben einen unterschiedlich starken Einfluss auf die Aufklärung der Extraversion.*

H5: *Die Facetten der Ambiguitätstoleranz haben einen unterschiedlich starken Einfluss auf die Aufklärung der Offenheit für Erfahrungen.*

H6: *Die Facetten der Ambiguitätstoleranz haben einen unterschiedlich starken Einfluss auf die Aufklärung der Emotionalität.*

*H7: Je mehr Facetten der Ambiguitätstoleranz genutzt werden, desto höher ist die Aufklärung der Extraversion.*

*H8: Je mehr Facetten der Ambiguitätstoleranz genutzt werden, desto höher ist die Aufklärung der Offenheit für Erfahrungen.*

*H9: Je mehr Facetten der Ambiguitätstoleranz genutzt werden, desto höher ist die Aufklärung der Emotionalität.*

# 3 Methodisches Vorgehen

Das vorliegende Kapitel stellt das Untersuchungsdesign sowie die Messinstrumente als Grundlage für die Fragebogenkonstruktion und Stichprobenauswahl in den Fokus der Betrachtung. Dies dient insbesondere dazu, das methodische Vorgehen innerhalb der vorliegenden Arbeit nachvollziehen zu können.

## 3.1 Untersuchungsdesigns

Die Untersuchung findet in Form einer quantitativen Feldbefragung statt. Hierfür wird ein Fragebogen entwickelt, der den Probanden über eine Onlineplattform zugänglich gemacht wird. Es wird daher von einer non-reaktiven Dokumentenanalyse gesprochen (Döring & Bortz, 2016).

Da es sich um eine nicht-experimentelle Querschnittsstudie handelt, wird die Befragung nur zu einem festgelegten Erhebungszeitraum (4 Wochen) durchgeführt (Döring & Bortz, 2016). Gesucht werden erwerbstätige Probanden in Nordrhein-Westfalen, die mindestens 18 Jahre alt sind und nicht älter als 66 Jahre.

Es handelt sich um eine hypothesenprüfende Studie auf Basis eines Nullhypothesen-Signifikanztests (Döring & Bortz, 2016). Zusammenhangshypothesen sollen Verbindungen zwischen den Persönlichkeitsfacetten und der Produktivität in neuen Arbeitsformen ermitteln. Als Persönlichkeitsfacetten dienen in der vorliegenden Arbeit die Facetten des HEXACO. Konkret werden die drei Facetten *Extraversion, Offenheit für Erfahrungen* und *Emotionalität* beleuchtet, da die Studienlage der anderen drei Facetten nicht ausreicht, um fundierte Hypothesen ableiten zu können. Ex-post-facto-Aussagen sind dennoch auch für die weiteren Facetten des HEXACO abbildbar.

Die Forschungsbasis bilden mehrheitlich Studien, die den Big Five als Testverfahren nutzen. Das Konstrukt bzw. die Facette Emotionalität im HEXACO wird im Folgenden gleichgesetzt mit dem Konstrukt Neurotizismus im Big Five. Trotz der Unterschiede in der Operationalisierung dieser Konstrukte reichen die Parallelen aus, um vorrangegangene Studien nutzen zu können (Moshagen et al., 2014).

Die Produktivität in neuen Arbeitsformen wird anhand des Kriteriums der Ambiguitätstoleranz beleuchtet. Für die Ermittlung der Ambiguitätstoleranz dient die Skala des IMA-40.

Als abhängige Variablen werden die einzelnen Facetten des HEXACO definiert. Als unabhängige Variablen dienen die Subfacetten des IMA-40. Abbildung 5 verdeutlicht die Zusammenhänge.

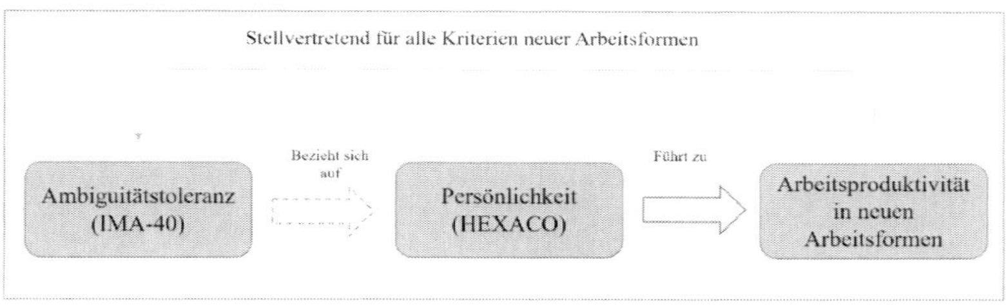


**Abb. 5:** Darstellung des Versuchsdesigns (eigene Darstellung).

Da das Thema bisher wenig erforscht ist, liegt der Fokus der Forschungsarbeit weniger auf der Schließung von Wissenslücken. Vielmehr steht die methodische und theoretische Innovation im Fokus der Forschung.

## 3.2 MESSINSTRUMENTE

Zur Überprüfung der Hypothesen und Darstellung möglicher Zusammenhänge zwischen der Persönlichkeit und der Ambiguitätstoleranz bzw. -intoleranz von Probanden wurden zwei Testinstrumente mit guter Testgüte ausgewählt. Der HEXACO-PI-R wurde 2004 von Ashton & Lee entwickelt und orientiert sich mit seinen sechs Persönlichkeitsdimensionen am Big Five. Der IMA-40 ist ein Inventar zur Messung der Ambiguitätstoleranz bzw. -intoleranz, welches Reis 1996 auf Basis unterschiedlicher Forschungsansätze konstruierte.

### *3.2.1 HEXACO-PI-R*

Eine Besonderheit des HEXACO-PI-R stellt die internationale Einsatzfähigkeit des Testverfahrens dar. So liegt der vorliegenden Forschungsarbeit die deutschsprachige Version des HEXACO zugrunde. Das Verfahren kann ab 16 Jahren bis ins hohe Alter durchgeführt werden und wird oft in den Bereichen der Laufbahnberatung eingesetzt (Schreiber et al., 2018).

Ab 2002 wurden durch Selbstbeschreibungsbögen die ersten 108 Items des Testverfahrens entwickelt. Diese wurden auf 192 Items mit je 8 Items pro Facette erweitert. Die Testung der Items erfolgte anhand unterschiedlicher Stichproben (Ashton & Lee, 2009).

Schlussendlich konnten 200 Items definiert werden, da eine zusätzliche Facette Altruismus vs. Feindseligkeit Berücksichtigung fand (Schreiber et al., 2018).

Die deutsche Übersetzung der Langversion (200 Items) und der Kurzversion (100 Items bzw. 60 Items) erfolgte durch Birgit Schyns und wurde von den Autoren für gut befunden (Schreiber et al., 2018).

In der vorliegenden Arbeit wird die Kurzversion des Messinstrumentes mit 60 Items verwendet. Insgesamt gibt es 10 Items je Faktor und 2 bis 3 Items je Subfacette (Moshagen at al., 2014). Das Testverfahren kann innerhalb von ca. 10 Minuten bearbeitet werden (Ashton & Lee, 2009). Die verschiedenen Versionen des HEXACO sind im paper-pencil-Format im Internet frei zugänglich und können kostenfrei genutzt werden.

Bei dem Antwortformat handelt es sich um eine fünfstufige Likert-Skala mit den Abstufungen „starke Zustimmung“ bis „starke Ablehnung“ (Ashton & Lee, 2009). Der Auswertung liegt eine Zahlenrangreihe zugrunde, wobei „starke Zustimmung“ mit 5 Punkten bis „starke Ablehnung“ mit 1 Punkt bewertet werden. Je höher die Ausprägung in einer Dimension ist, desto höher ist demnach der Gesamtrohwert der Dimension (Ashton & Lee, 2009). 29 der 60 Items sind invertiert. Nachfolgende Abbildung zeigt exemplarisch je ein verwendetes Item pro Dimension.

| Dimension des HEXACO-60 | Verwendete Beispiel-Item |
|---|---|
| Ehrlichkeit-Bescheidenheit | „Ich würde in Versuchung geraten, Falschgeld zu benutzen, wenn ich sicher sein könnte, damit durchzukommen." (R) |
| Emotionalität | „Wenn es um körperliche Gefahren geht, bin ich sehr ängstlich". |
| Extraversion | „Ich neige dazu, nachsichtig zu sein, wenn ich andere beurteile". |
| Verträglichkeit | „Wenn ich in einer Gruppe von Leuten bin, bin ich oft derjenige, der im Namen der Gruppe spricht". |
| Gewissenhaftigkeit | „Ich versuche immer, fehlerfrei zu arbeiten, auch wenn es Zeit kostet". |
| Offenheit für Erfahrungen | „Ich bin daran interessiert, etwas über die Geschichte und Politik anderer Länder zu lernen". |

**Abb. 6:** Item-Beispiele des HEXACO-60 (eigene Darstellung nach Schreiber, Mueller, Morell, 2018, S. 8-9).

Psychometrische Studien zeigen, dass die deutschsprachige Version des HEXACO-100 reliabel, mit besonders hoher Retest-Reliabilität über 7 Monate, valide und ökonomische Testgüte aufweist (Moshagen at al., 2014). Die Kurzfassung, der HEXACO-60 gilt ebenfalls als valides Testinstrument. Allerdings fällt die Güte hier etwas geringer aus, ohne dass ein bedeutsamer Informationsverlust entsteht (Ashton & Lee, 2009). Im Kern sind die Versionen HEXACO-60 und HEXACO-100 vergleichbar. Da es bisher jedoch kein eigenes Manual für die Version HEXACO-60 gibt, beziehen sich die nachstehenden Ausführungen auf den HEXACO-100.

Dieses Verfahren ist nutzerfreundlich in der Anwendung sowie in der Auswertung und Interpretation. Die Objektivität ist ferner durch die schriftliche Instruktion sowie die standardisierte Auswertung gewährleistet. Weiterhin kann die Interpretationsobjektivität aufgrund der Eindeutigkeit der Facetten- und Dimensionsbeschreibungen angenommen werden (Schreiber et al., 2018).

Die Gesamtstichprobe erreicht nach Prüfung der internen Konsistenz nach Cronbachs Alpha für den HEXACO-100 stabile Werte zwischen $\alpha = .87$ (Emotionalität und Offenheit für Erfahrungen) bis $\alpha =.92$ (Extraversion). Auch die einzelnen Unterfacetten liegen in einem guten Bereich (Schreiber et al., 2018). Die Reliabilität des Testverfahrens kann somit als gegeben angenommen werden. Einschränkungen gibt es jedoch bei der gekürzten 60-Item Fassung aufgrund der geringen Itemanzahl. Dadurch kann die interne Konsistenz sinken (Stulle, 2018).

Durch klare Definitionen und inhaltliche Übereinstimmungen der einzelnen Items kann von einer Inhaltsvalidität ausgegangen werden (Schreiber et al., 2018). Die Ergebnisse der Konstruktvalidität zeigen, dass Korrelationen desselben Konstruktes mit vergleichbaren Testverfahren (MRS-30-R1, IPIP-240, ORVIS-R, MPZM) erwartungsgemäß hoch ausfallen. Die Interkorrelationen zwischen den Dimensionen zeugen von kleinen bis maximal mittleren Zusammenhängen. Auffällig ist hier eine vergleichsweise hohe Korrelation von $r = .58$ für die Konstrukte Emotionalität und Neurotizismus, die aus der hohen inhaltlichen Überschneidung resultiert. Die Ergebnisse der konvergenten Validität veranschaulichen eine Vergleichbarkeit der Kurzversion (HEXACO-100) und der Langversion (HEXACO-200) mit Werten der Subfacetten zwischen $r = .90$ (Unkonventionalität) und $r = .96$ (Organisiertheit). Von diskriminanter und konvergenter Validität kann somit ausgegangen werden (Schreiber et al., 2018).

Empirische Studien zeigen, dass es sich bei der sechsten Dimension des HEXACO „Ehrlichkeit-Bescheidenheit" um eine unabhängige und valide sechste Dimension handelt (Wakabayashi, 2014). Auch die sechs-faktorielle Struktur des Verfahrens konnte durch eine repräsentative Stichprobe bestätigt werden (Moshagen at al., 2014). Daraus kann nicht geschlossen werden, dass es sich im Vergleich zum Big Five um ein präziseres Testverfahren handelt, allerdings wird somit einem der Kritikpunkte des Fünf-Faktoren-Modells Rechnung getragen, dass fünf Dimensionen nicht ausreichen, um alle Facetten der menschlichen Persönlichkeit abzubilden (Wakabayashi, 2014). Bedeutsam ist, dass die sechste Dimension „Ehrlichkeit-Bescheidenheit" Erklärungskraft über das Fünf-Faktoren-Modell hinaus aufweist (Moshagen at al., 2014). Betrachtet man die weiteren fünf Faktoren des Modells, so finden sich dem Fünf-Faktoren-Modell nahezu identische Definitionen der Faktoren Extraversion und Gewissenhaftigkeit (Moshagen at al., 2014). Auch der Faktor Offenheit für Erfahrungen ist in großen Teilen deckungsgleich. Lediglich intellektuelle Fähigkeiten werden im HEXACO an dieser Stelle bewusst ausgeschlossen (Schreiber et al., 2018). Bedeutsame Unterschiede lassen sich zwischen den Faktoren Emotionalität bzw. Neurotizismus und Verträglichkeit feststellen (Moshagen at al., 2014). Soziale und interpersonelle Facetten werden beim HEXACO dem Faktor Verträglichkeit zugeordnet, wohingegen individuelle und emotionale Facetten unter dem Faktor Neurotizismus subsummiert werden (Moshagen at al., 2014). Die sechs Dimensionen teilen Ashton & Lee (2004) in Subfacetten auf, wie in Abbildung 7 dargestellt.

| Abkürzung der Dimensionen und Anzahl der Items | Dimensionen und Subfacetten |
|---|---|
| H, 10 Items | Ehrlichkeit-Bescheidenheit<br>Aufrichtigkeit, Fairness, materielle Genügsamkeit, Selbstbescheidenheit |
| E, 10 Items | Emotionalität<br>Furchtsamkeit, Ängstlichkeit, Abhängigkeit, Sentimentalität |

| | |
|---|---|
| X, 10 Items | Extraversion<br>Soziales Selbstvertrauen, soziale Kühnheit, Geselligkeit, Lebhaftigkeit |
| A, 10 Items | Verträglichkeit<br>Nachsichtigkeit, Sanftmut, Kompromissbereitschaft, Geduld |
| C, 10 Items | Gewissenhaftigkeit<br>Organisiertheit, Fleiß, Perfektionismus, Besonnenheit |
| O, 10 Items | Offenheit für Erfahrungen<br>Sinn für Ästhetik, Wissbegierigkeit, Kreativität, Konventionalität |

**Abb. 7:** Faktoren und Facetten des HECAXO-PI-R (eigene Darstellung nach Moshagen et al., 2014, S.87).

Signifikante Ergebnisse zeigen sich in Geschlechtsvergleichen des Testverfahrens. Daher gilt der HEXACO als gewinnbringendes Verfahren, um Geschlechterunterschiede in der Persönlichkeitsforschung feststellen zu können (Moshagen at al., 2014). Weiterhin zeigen Johnson, Rowatt & Petrini (2011) in ihrer Studie, dass der HEXACO das individuelle Arbeitsverhalten besser vorhersagen kann als das Fünf-Faktoren-Modell (Johnson at al., 2011).

Weitere Forschungen haben Korrelationen zwischen der Dimension Ehrlichkeit-Bescheidenheit und z. B. kontraproduktivem Verhalten (Marcus, Lee & Ashton, 2007) und den dunklen Triaden feststellen können (Johnson at al., 2011). Insgesamt lässt sich das Testverfahren in besonderer Weise in unterschiedliche Forschungsbereiche integrieren (Moshagen at al., 2014).

Es finden sich viele weitere Testverfahren zur Bestimmung von Persönlichkeitsmerkmalen am Markt. Vermehrt wird jedoch der Big Five verwendet, der in unterschiedlichen Sprachen und Fassungen erhältlich ist. Für die vorliegende Arbeit wurde auf den HEXACO-60 zurückgegriffen, da die untersuchten Persönlichkeitsmerkmale viele Parallelen zum Big Five aufweisen und daher eine hohe Vergleichbarkeit der Ergebnisse besteht. Weiterhin ist das Testverfahren kostenlos online abrufbar, verfügt über eine angemessene Güte und ermöglicht eine leichte Auswertung der Ergebnisse.

### *3.2.2 IMA-40*

Das Inventar zur Messung der Ambiguitätstoleranz wurde 1996 von Reis entwickelt. Bereits ab 1960 wurden erste Messverfahren konstruiert, um die Ambiguitätstoleranz zu bestimmen. Schon damals wurde deutlich, dass zunehmende Komplexität, Globalisierung und ein ansteigendes dynamisches Umfeld zukünftig eine hohe Ambiguitätstoleranz erforderlich machen würden, besonders in Führungs- und Managementpositionen (Bulmahn & Bulmahn, 2013).

Erste Ansätze der Ambiguitätsforschung finden sich bei Budner (1962), Bochner (1965) und McDonald (1970). In deren Forschungsergebnissen fehlte Reis jedoch die interaktionistische Perspektive, die mehr als eine einseitige, rein dispositionale Sichtweise des Konstruktes betrachtet (Reis, 1996).

Reis baute daher auf die Forschungen seiner Kollegen auf und leitete von ihren Definitionen drei Kriterien ab, die die Ambiguität einer Situation seiner Meinung nach am besten beschreiben: „Unlösbarkeit, Komplexität bzw. Neuartigkeit" (Reis, 1996, S. 7).

Die Testkonstruktion erfolgte auf Basis mehrerer Schritte und orientierte sich an der klassischen Testtheorie (Reis, 1996). Durch freie Protokolle zu ambiguitiven Situationen wurden zunächst Items entwickelt und überprüft. Diese wurden im Verlauf reduziert und angepasst. Aus sechs Subkategorien wurden schlussendlich die in der Endfassung benannten fünf Bereiche, die zusammen 40 Items umfassen, definiert. Die sechste Dimension „Ambiguitätstoleranz/-intoleranz der Zukunftsplanung" mit 7 Items musste aufgrund einer zu geringen Trennschärfe verworfen werden, da der festgelegte Grenzwert von .40 nicht erreicht werden konnte (Reis, 1996).

Heute besteht das Inventar aus 40 Items der Selbstschilderung, die sich in der Endfassung aus fünf Subskalen zusammensetzen. Diese können unabhängig voneinander betrachtet werden (Bulmahn & Bulmahn, 2013). Die fünf Bereiche werden in der nachfolgenden Abbildung 8 dargestellt.

| Abkürzung der Dimensionen und Anzahl der Items | Dimensionen und deren Beschreibung |
|---|---|
| PR, 6 Items | Ambiguitätstoleranz/-intoleranz gegenüber unlösbar erscheinenden Problemen<br>*Hohe Ausprägung*: Unlösbare Probleme werden als Herausforderung und lohnenswert erlebt. Unabhängig vom Erfolg erscheinen solche Probleme als interessant und lehrreich.<br>*Niedrige Ausprägung*: Die Beschäftigung mit unlösbaren Problemen geschieht ungern und wird vermieden, auch bei finanziellen Anreizen. Die Beschäftigung mit dem Problem wird als sinnlos erlebt. |
| SK, 6 Items | Ambiguitätstoleranz/-intoleranz gegenüber sozialen Konflikten<br>*Hohe Ausprägung*: Ein geringes Harmoniebedürfnis führt dazu, dass Meinungsverschiedenheiten nicht aus dem Weg gegangen werden. Vielmehr wird ein brisanter Meinungsaustausch gesucht.<br>*Niedrige Ausprägung:* Die Erhaltung der Harmonie hat oberste Priorität. Es ist ein Anliegen, mit jedem gut auszukommen. |
| RS, 9 Items | Ambiguitätstoleranz/-intoleranz gegenüber Rollenstereotypen |

| | |
|---|---|
| | *Hohe Ausprägung*: Die traditionellen Geschlechterrollen werden in Frage gestellt. Keine Akzeptanz von Phänomen der sozialen Rangordnung.<br><br>*Niedrige Ausprägung*: Die traditionellen Geschlechterrollen werden anerkannt. Geschlechtstypische und soziale Rangordnungen werden positiv beurteilt. |
| EB, 11 Items | Ambiguitätstoleranz/-intoleranz des Elternbildes<br><br>*Hohe Ausprägung*: Die Elternbeziehung und deren Erziehungsverhalten wird differenziert wahrgenommen und gegebenenfalls kritisch bewertet. Die Familienstruktur wird hinterfragt.<br><br>*Niedrige Ausprägung*: Es besteht ein undifferenziertes positives Elternbild. Das Erziehungsverhalten wird als Vorbild für das eigene elterliche Verhalten genutzt. |
| OE, 8 Items | Ambiguitätstoleranz/-intoleranz der Offenheit für neue Erfahrungen<br><br>*Hohe Ausprägung:* Der Drang, Neues auszuprobieren und zu erleben, ist stark. Unbekanntes wirkt anregend und macht neugierig.<br><br>*Niedrige Ausprägung:* Das Festhalten an Bekannten gibt Sicherheit. Andersartigkeit und Fremdes verursacht Unbehagen. Überraschungen werden vermieden. |

**Abb. 8**: Dimensionen und deren Beschreibungen des IMA-40 (eigene Darstellung nach Reis, 1996, S. 35).

Eine sechsstufige-Likertskala zwischen „trifft sehr zu“ bis „trifft gar nicht zu“ wird zur Beantwortung der Fragen herangezogen. Es wird bewusst auf ein fünfstufiges Antwortformat verzichtet, um der Tendenz zur Mitte entgegenzuwirken, so dass sich die Probanden eindeutig positionieren müssen (Reis, 1996).

Die Güte und hohe Qualität des Verfahrens konnten bewiesen werden (Bulmahn & Bulmahn, 2013). Die Testdurchführung, -instruktion sowie die Interpretation der Ergebnisse sind mit wenig Zeitaufwand verbunden (Bulmahn & Bulmahn, 2013). Die Auswertung erfolgt durch leicht ermittelbare Skalenrohwerte für die Subskalen sowie einem Gesamtrohwert, die durch Addierung der Punktwerte berechnet werden (von 1 bis 6). Die Codierung erfolgt nach dem Prinzip 1 Punkt („trifft sehr zu") bis 6 Punkte („trifft gar nicht zu"). Invertierte Items sind wie folgt gekennzeichnet: (-) und gelten für 16 Items. Die Codierung erfolgt hier in umgekehrter Folge von 1 Punkt (trifft gar nicht zu) bis 6 Punkte (trifft sehr zu) [Reis, 1996]. Abbildung 9 stellt Beispiel-Items dar.

| Dimensionen des IMA-40 | Verwendete Beispiel-Items |
|---|---|
| Ambiguitätstoleranz/-intoleranz gegenüber unlösbar erscheinenden Problemen (PR) | „Mit Problemen, die mir unlösbar erscheinen, würde ich mich nicht ernsthaft beschäftigen." |
| Ambiguitätstoleranz/-intoleranz gegenüber sozialen Konflikten (SK) | „Ich versuche, Streitigkeiten zu vermeiden." |
| Ambiguitätstoleranz/-intoleranz der Offenheit für neue Erfahrungen (OE) | „Ich interessiere mich für ausländische Sitten und Gebräuche." |
| Ambiguitätstoleranz/-intoleranz gegenüber Rollenstereotypen (RS) | „Ein Mann sollte sich ausschließlich seinem Beruf widmen können." |
| Ambiguitätstoleranz/-intoleranz des Elternbildes (EB) | „Ich habe zu meiner Mutter immer ein gutes Verhältnis gehabt." |

**Abb. 9:** Beispiel-Items des IMA-40 (eigene Darstellung nach Reis, J., 1996, S.25-26).

Darüber hinaus kann die Objektivität durch das Fragebogenformat sowie ein ausführliches Manual zur Instruktion, Auswertung und Interpretation als gegeben betrachtet werden.

Die Reliabilität wurde durch Cronbachs Alpha ermittelt und die Retest-Reliabilität in 4-Wochen-Intervallen überprüft. Mit Gesamtwerten von $\alpha = .88$ (weibliche Probanden) und $\alpha = .94$ (männliche Probanden) wurden die Ergebnisse für gut bis sehr gut befunden (Reis, 1996). Im Einzelnen liegen die Werte zwischen α = .78 (OE) und α = .89 (PR). Alle Items zeigen hohe Trennschärfen über r =.40. Lediglich die Subfacette „Ambiguitätstoleranz/-intoleranz der Zukunftsplanung (KP)" zeigte niedrige Werte und wurde daher aus dem Fragebogen eliminiert (Reis, 1996).

Die Stabilitätswerte wurden durch Spearman-Korrelation berechnet und zeigen mit r = .95 und r = .96 höchste Stabilität (Reis, 1996).

Aufgrund der im Manual detailliert dargestellten Verfahrenskonstruktion sowie umfassender faktorenanalytischer Berechnungen wird eine Inhaltsvalidität angenommen (Reis, 1996). Auf Basis der ermittelten Geschlechtsunterschiede der Dimensionen sowie vergleichbarer Befunde anderer Studien wird die Kriteriumsvalidität betrachtet und angenommen (Reis, 1996). Hohe korrelative Zusammenhänge wurden zu vergleichbaren Verfahren ermittelt. Hierfür wurden zwei ebenfalls deutschsprachige Testverfahren verwendet: die Skala „Intoleranz der Ambiguität" aus dem ENNR von Brengelmann & Brengelmann (1960) und einer Skala zur Erfassung der Ambiguitätstoleranz nach Kischkel (1984). Die Ergebnisse zeigen statistische Bedeutsamkeit (Reis, 1996). Die Interkorrelationen der Dimensionen sind alle in einem niedrigen Bereich zwischen r = .10 und r = .30 angesiedelt. Eine Ausnahme bildet die Korrelation zwischen den Dimensionen Ambiguitätstoleranz/-intoleranz der Offenheit für neue Erfahrungen und Ambiguitätstoleranz/-intoleranz gegenüber Rollenstereotypen. Hier lag der Wert im mittleren bis hohen Bereich (r =.46). Auf Basis der Ergebnisse wird die Konstruktvalidität als gegeben betrachtet.

Reis erhebt keinen Anspruch auf Vollständigkeit der Erfassung. Weitere Ambiguitätsbereiche könnten in tiefergehender Forschung durchaus gefunden werden und schlägt für weitere Berechnungen eine Kreuzvalidierung vor (Reis, 1996). Weiterhin merkt er den Einfluss der sozialen Erwünschtheit bei der Beantwortung der Fragen an, der einen Einfluss auf das Antwortverhalten der Probanden haben könnte (Reis, 1996).

Darüber hinaus sollte das Intervall der Retest-Reliabilität in weiteren Forschungen vergrößert werden, beispielweise für 6 bzw. 8 Wochen (Reis, 1996).

Neben dem hier vorgestellten IMA-40 gibt es weitere Testverfahren, die die Ambiguitätstoleranz der Probanden messen. Furnham & Marks stellten 2013 in einer Übersicht verschiedener Testverfahren zur Messung der Ambiguitätstoleranz dar, dass bereits eine Vielzahl unterschiedlicher Messinstrumente entwickelt wurden. Der Ursprung vieler dieser Instrumente liegt in den 1950 und 1960 Jahren. Sie wurden seitdem überarbeitet und aktualisiert. Erkennbar ist der unterschiedliche Fokus der jeweiligen Messinstrumente. Die Forscher betrachten Ambiguität entweder als Persönlichkeitsmerkmal, als kontextspezifisches Konstrukt oder stellen die sozialpsychologische Interaktion von Gruppen in den Mittelpunkt (Furnham & Marks, 2013). Viele dieser Testverfahren zeigen eine geringe Güte und sind für Forschungszwecke nicht empfehlenswert (Jach & Smillie, 2019). Andere Tests sind nicht für den internationalen Gebrauch geeignet (Furnham & Marks, 2013). Als bekannteste Testverfahren gelten der MSTAT (McLain, 2009) und der TfA (Herman, Stevens, Bird, Mendenball & Oddou, 2010).

Da eine deutsche Testversion benötigt wurde mit ausreichender Testgüte, einfach zu beschaffen zu erschwinglichen Kosten, wurde der IMA-40 als Testinstrument für die vorliegende Forschungsarbeit ausgewählt und über den Asanger Verlag zur Verfügung gestellt.

## 3.3 Fragebogenkonstruktion

Als quantitatives Erhebungsinstrument dient ein Online-Fragebogen, der die gesamte Skala des HEXACO-60 für alle sechs Dimension beinhaltet sowie 20 Items des IMA-40 der Subkategorien „Ambiguitätstoleranz/Ambiguitätsintoleranz gegenüber unlösbar erscheinenden Problemen (PR)“, „Ambiguitätstoleranz/Ambiguitätsintoleranz gegenüber sozialen Konflikten (SK)“ und „Ambiguitätstoleranz/Ambiguitätsintoleranz der Offenheit für neue Erfahrungen (OE)“. Der Einsatz eines quantitativen Fragebogens als Testinstrument soll eine strukturierte umfassende Bearbeitung der Hypothesen ermöglichen.

Der Fragebogen kann in Form einer leicht zugänglichen Online-Befragung durchgeführt werden. Studien zeigen, dass die Teilnahmequote an Befragungen u. a. von der schnellen und unkomplizierten Bearbeitung abhängt (Maurer & Jandura, 2009). Darüber hinaus sind die hohe Reichweite, die flexible Bearbeitung und der

Einsatz von Multimediageräten sowie Kostenersparnisse weitere Vorteile gegenüber einer paper-pencil-Bearbeitung (Maurer & Jandura, 2009). Nachteilhaft hingegen sind geringe Rücklaufquoten und die fehlende Sicherung der Repräsentativität (Kwak & Radler, 2002).

Über das Online-Portal www.soscisurvey.de werden die Skalen des HEXACO-60 und Teile des IMA-40 sowie die demografischen Daten und der Einleitungstext eingepflegt.

Die Eingabe der E-Mail-Adresse zur Teilnahme am Gewinnspiel erfolgt über ein gesondertes Textfeld, so dass die Datenanonymisierung gewährleistet bleibt.

Eingeleitet wird die Befragung mit dem Hinweis, welche Thematik im Fokus der Forschungsarbeit steht. Weiterhin wird auf die Anonymität und den Datenschutz des Testverfahrens hingewiesen. Die geschätzte Bearbeitungsdauer von 15 bis 20 Minuten wird ebenfalls angegeben sowie die Kontaktdaten des Forschenden genannt. Den Probanden wird im Voraus für die Teilnahme gedankt. Da es um die Erfassung von Persönlichkeitsmerkmalen geht, wird darauf hingewiesen, dass es bei der Beantwortung der Fragen kein Richtig oder Falsch gibt. Bereits an dieser Stelle soll Tendenzen des sozial erwünschten Antwortverhaltens entgegengewirkt werden.

Da durch die vergleichsweise lange Bearbeitungsdauer und das persönliche Thema mit einer geringen Rücklaufquote zu rechnen ist bzw. von einer hohen Abbruchquote ausgegangen werden muss, wurde zusätzlich ein Gewinnspiel in die Befragung integriert. Metaanalysen zeigen die positiven Effekte von Geschenken auf die steigenden Rücklauf- bzw. sinkende Abbruchquoten (Edwards, Roberts, Clarke, DiGuiseppi, Pratap, Wentz & Kwan, 2002). Was sich laut Dillmann verändert, ist die Spanne zwischen den Kosten und dem Nutzen für die Teilnehmer. Die Chance auf einen Gewinn bzw. ein Geschenk erhöht den individuell erlebten Nutzen einer Teilnahme (Dillmann, 2007). Auch wenn sich signifikantere empirische Befunde bei dem Einsatz von Geschenken zeigen (Kropf, Neumann, Becker & Maaz, 2015), muss in der vorliegenden Arbeit aus Kostengründen hiervon Abstand genommen werden. Um positive Effekte trotzdem nutzbar zu machen, werden zwei Amazon-Gutscheine im Wert von jeweils 20 Euro unter den Teilnehmern verlost, die den gesamten Fragebogen ausgefüllt und ihre E-Mail in einem gesonderten Textfeld hinterlegt haben.

Insgesamt besteht der vorliegende Fragebogen aus 80 Items sowie wenigen demografischen Daten, die das Alter, das Geschlecht, die Berufstätigkeit in Jahren, die Betriebszugehörigkeit und den höchsten Berufsabschluss abfragen. Die Skalen sind in fünf- bzw. sechsstufigen Likertskalen gehalten, so wie sie jeweils in den ursprünglichen Skalen verwendet werden. Die Itemblöcke werden mit einem kurzen Einleitungstext über den Sinn und Zweck der Fragestellung versehen, um nochmals darauf hinzuweisen, dass es sich um persönliche Einschätzungen handelt und es keine falschen Antworten gibt. Dies ist besonders im Bereich der Persönlichkeitsbefragungen notwendig, um valide Testergebnisse zu erzielen. Weiterhin soll die Unsicherheit genommen und die Aufmerksamkeit angeregt werden.

Die Befragung schließt mit einem Dank an die Teilnehmer und der Möglichkeit, die E-Mail-Adresse anzugeben, ab. Dieser Punkt kann von den Teilnehmern übersprungen werden, sollten sie kein Interesse an einer Teilnahme an dem Gewinnspiel haben. Es steht somit jedem Teilnehmer frei, seine Daten offenzulegen. Des Weiteren wird durch eine gesonderte, freizuschaltende Funktion im Online-Portal SoSci Survey Sorge getragen, dass keine E-Mail-Adresse mit einem der Datensätze in Verbindung gebracht werden kann.

## 3.4 PRETEST

Der Kürzung der IMA-Skala ging ein Pretest voraus, um zu ermitteln, inwieweit die Reliabilität auch nach Kürzung der Skala auf 20 Items bzw. der Streichung der beiden Subskalen „Ambiguitätstoleranz/Ambiguitätsintoleranz des Elternbildes (EB)“ sowie „Ambiguitätstoleranz/Ambiguitätsintoleranz gegenüber Rollenstereotypen (RS)“ ausreichend vorhanden bleibt.

Als Testgruppe dienten 33 Probanden unterschiedlichen Geschlechts und Altersklassen. Die Probanden beantworteten alle Items des IMA-40 in seiner Originalfassung. Nach der Datenbereinigung wurde die Reliabilität für die drei Subskalen berechnet, die weiterhin verwendet werden sollten. Das Cronbachs Alpha zeigte mit einem Wert von $\alpha = .809$ ein gutes Ergebnis. Im Vergleich zur ungekürzten

Skala, konnte die interne Konsistenz damit verbessert werden, da hier zunächst ein Wert von α = .729 errechnet werden konnte.

Die Kürzung der Skala des IMA-40 wurde aus unterschiedlichen Gründen beschlossen. Zunächst wäre der Fragebogen mit insgesamt 100 Items sowie den demografischen Fragen sehr umfangreich gewesen und hätte mehr als 20 Minuten Bearbeitungszeit in Anspruch genommen. Mit einer höheren Abbruchquote hätte daher gerechnet werden müssen. Weiterhin wurden in den Items der gestrichenen Subskalen hochsensible und persönliche Sachverhalte thematisiert. Der Ausschluss soll der Tendenz, sozial erwünscht zu antworten, entgegenwirken und Abbrüche während der Beantwortung der Items vermeiden. Abbildung 10 zeigt beispielhaft drei Items der 20 Items, die u. a. gestrichen wurden.

| Gestrichene Beispiel-Items aus dem IMA-40 |
|---|
| „Ich habe zu meinem Vater ein zwiespältiges Verhältnis." (EB) |
| „Meine Mutter hat mich geliebt, aber auch gehasst." (EB) |
| „Auch homosexuelle Paare sollten Kinder adoptieren dürfen." (RS) |

**Abb. 10:** Gestrichene Beispiel-Items des IMA-40 (eigene Darstellung nach Reis, J., 1996, S. 50).

Zunächst wurde der erstellte Fragebogen als Pretest-Version an fünf Personen versendet. Diese hatten den Auftrag, den Fragebogen inhaltlich und formal zu prüfen. Das Feedback der Teilnehmer zeigte, dass Verständlichkeit und Durchführbarkeit des Testverfahrens vorhanden waren. Ebenso konnte die Bearbeitungsdauer von 15 bis 20 Minuten bestätigt werden. Es wurde auf formale Fehler hingewiesen (Tippfehler und Zeichensetzung). Weiterhin wurde angemerkt, dass die Auswahlmöglichkeit „Staatsexamen" bei „höchster Bildungsabschluss" fehlt. Bei der Anzahl der Jahre der Berufstätigkeit waren sich die Probanden nicht einig, ob diese die Ausbildungsjahre beinhaltet oder nicht. Weiterhin wurde auf die vermeintliche Redundanz der Items hingewiesen.

Im Anhang (Anlage A) findet sich der Fragebogen in Gänze. Es handelt sich hierbei um eine Word-Formatvorlage, die in die Vorlagen des Online-Portals SoSci Survey eingepflegt wurde. Die Inhalte sind identisch übertragen worden

## 3.5 STICHPROBENWAHL

Die Forschungsfrage der vorliegenden Arbeit ist so konzipiert, dass alle Erwerbstätigen in Nordrhein-Westfalen an der Befragung teilnehmen könnten. Eine Berechnung der Stichprobengröße erfolgte auf folgender Basis: Die Grundgesamtheit der Erwerbstätigen in Deutschland liegt nach aktuellen Zahlen bei 45,07 Millionen Menschen (Statista, 2019). Aufgrund der eigenen Wohn- und Arbeitssituation des Forschenden sowie der begrenzten Reichweite der Verbreitung wird die Grundgesamtheit auf das Bundesland Nordrhein-Westfalen begrenzt. 2018 waren in diesem Bundesland 9,55 Millionen Menschen erwerbstätig (Landesbetrieb IT.NRW, 2019). Zusammen mit einer Fehlertoleranz von 5 % und einem Konfidenzintervall von somit 95 % ergibt sich eine repräsentative Stichprobengröße von N = 385 Probanden (Qualtrics, 2019). Wird die Fehlertoleranz auf 10 % erhöht, ergibt sich eine benötigte Stichprobengröße von N = 68 Probanden (Quatrics, 2019) [Anhang B].

Die Probanden werden über E-Mail, Whatsapp und dem FOM-Online-Campus der Hochschule sowie über die sozialen Netzwerke linkedIn.de, xing.de und facebook.de direkt kontaktiert. Die E-Mail-Verteiler setzen sich im Schwerpunkt aus Kundendatenbanken, Vertriebsnetzwerken, Vereins- und Öffentlichkeitsarbeit, Freunden und Bekannten des Forschenden zusammen. Über die sozialen Medien und den FOM-Online-Campus werden darüber hinaus unbekannte Personen angesprochen. Es wird in einem kurzen Anschreiben darauf hingewiesen, dass der Link zur Umfrage nach dem Schneeballprinzip gerne weiter verteilt werden darf.

In einem fest definierten Zeitraum von vier Wochen zwischen dem 25.05.2019 und dem 25.06.2019 können die Befragten an der Online-Umfrage teilnehmen. Aufgrund positiver Ergebnisse in Metanalysen werden die Befragten nach zwei Wochen durch eine Erinnerungsnachricht nochmals für die Teilnahme sensibilisiert, da dies die Rücklaufquote signifikant positiv beeinflussen kann (Yu & Cooper, 1983).

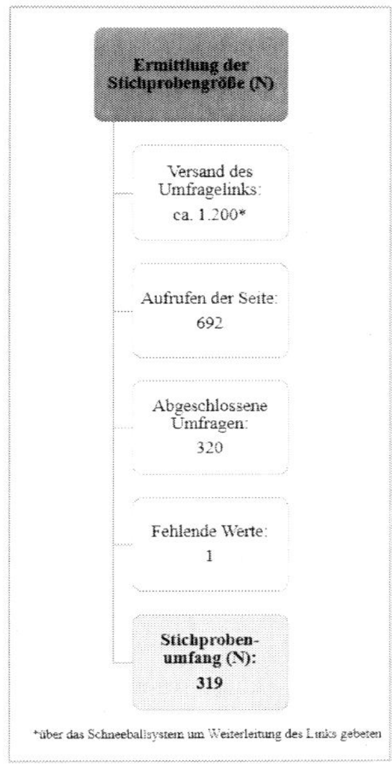


**Abb. 11**: Prozessermittlung Stichprobengröße (eigene Darstellung).

Es ist zu beachten, dass der errechnete optimale Stichprobenumfang von 385 Probanden bei einer Fehlertoleranz von 5 % nicht erreicht werden konnte. Durch die Erweiterung der Fehlertoleranz auf 10 % liegt die Stichprobe jedoch weit über den geforderten 68 Probanden. Dennoch wird auf eine Liberalisierung des Signifikanzniveaus verzichtet und die Fehlertoleranz von 5 % beibehalten. Mit 319 Probanden handelt es sich bereits um eine vergleichsweise große Stichprobe, da viele Forschungen N=100 nicht übersteigen (Döring & Bortz, 2016). Es gilt: Je höher die Stichprobengröße, desto besser ist die Schätzgenauigkeit (Döring & Bortz, 2016).

Die Berechnung und der Einsatz der Effektstärke, um aussagekräftige Ergebnisse zu erhalten, ist heute umstritten (Döring & Bortz, 2016). In der vorliegenden Arbeit wird die Stärke durch den Einsatz reliabler sowie parametrischer Testverfahren und einseitiger Hypothesentestungen (Döring & Bortz, 2016) gesteigert.

## 3.6 DATENAUFBEREITUNG

Die Datensammlung erfolgt über das Online-Portal SoSci Survey. Nach einer vierwöchigen Bearbeitungszeit konnte eine Datenmenge von 320 Probanden generiert werden.

Der Datensatz kann direkt in ein SPSS-Format übertragen und bereinigt werden. Während des Bearbeitungszeitraums wurden Sicherungskopien der Daten durchgeführt, die ebenfalls in der unbereinigten Version gesichert wurden.

Kriterien zur Bereinigung der Daten werden wie folgt festgelegt: Vollständigkeit des Datensatzes, Validität der Daten und Vergleichbarkeit der Daten.

Lediglich bis zum Schluss bearbeitete Datensätze können in die Berechnung einfließen, und die Textfelder müssen nachvollziehbare Werte enthalten. Der Datensatz wird somit zunächst standardisiert. Fehlerhafte Daten werden entfernt und auf mögliche Duplikate geachtet. Fehlende Werte lagen in einem Datensatz vor. Dieser kann daher für die weiteren Berechnungen und Analyse nicht berücksichtigt werden.

Der IMA-40 verfügt über 16 invertierte Items. Für die verwendete Skalierung betrifft dies noch 7 Items. An dieser Stelle muss das Punkteschema umgekehrt werden. Eine entsprechende Funktion in SPSS sorgt für die Aufbereitung der Daten. Gleiches gilt für den HEXACO-60, bei dem 29 intervierte Items vorliegen. Da der HEXACO-60 in aufsteigender Reihenfolge gepolt ist (1 = „stimme gar nicht zu", 5 = „stimme voll zu") und der IMA-40 in einer absteigenden Polung (1 = „trifft voll zu", 6 = „trifft gar nicht zu"), wird der IMA-40 erneut umgepolt, um eine nachvollziehbare grafische und tabellarische Darstellung der Ergebnisse zu ermöglichen.

Die Reliabilitätsanalyse wird zur Bestätigung der internen Konsistenz der Items mit Hilfe von Cronbachs Alpha vorgenommen. Die Ergebnisse ergeben für den HEXACO-60 eine ausreichende interne Konsistenz von $\alpha = .711$ (Cronbachs, 1951).

*Reliabilitätsstatistiken*

| *Cronbachs Alpha* | *Anzahl der Items* |
|---|---|
| *.711* | *60* |

**Tab. 1**: Cronbachs Alpha für den HEXACO-60

Die Ergebnisse der Cronbachs Alpha Berechnung für die gekürzte Skala des IMA-40 bestätigen dessen gute interne Konsistenz von insgesamt α = .809 (Cronbachs, 1951), wie Tabelle 2 dargestellt. Tabelle 3 verdeutlicht, dass der α-Koeffizient der ungekürzten IMA-40-Skala bei .729 lag und somit durch die Kürzung der Skala die interne Konsistenz des Testverfahrens verbessert werden konnte.

*Reliabilitätsstatistiken*

| *Cronbachs Alpha* | *Anzahl der Items* |
|---|---|
| *.809* | *20* |

**Tab. 2**: Berechnung des Cronbachs Alpha für die gekürzte IMA-Skala

*Reliabilitätsstatistiken*

| Cronbachs Alpha | Anzahl der Items |
|---|---|
| .729 | 40 |

**Tab. 3**: Berechnung des Cronbachs Alpha für die ungekürzte IMA-Skala

Die Betrachtung der einzelnen Unterfacetten ergibt für den HEXACO α-Koeffizienten zwischen α = .743 (Offenheit für Erfahrungen) und α = .692 (Emotionalität). Die Werte des gekürzten IMA-40 liegen zwischen α = .781 (PR) und α = .618 (OE) [siehe Anhang C]. Ashton und Lee weisen drauf hin, dass die interne Konsistenz aufgrund der geringeren Itemanzahl im HEXACO-60 und HEXACO-100 geringer ausfallen kann (Ashton & Lee, 2004). Dieser Umstand lässt sich ebenfalls auf die gekürzte Item-Zahl des IMA-40 übertragen.

Im Anschluss werden die einzelnen Items der Skalen zu Mittelwerten zusammengefasst, um jeweils eine Variable für die sechs Dimensionen des HEXACO zu erhalten. Gleiches gilt für die drei verbliebenen Unterfacetten des IMA-40, die zusätzlich in eine Variable „Ambiguitätstoleranz“ zusammengefasst werden.

# 4 ERGEBNISSE

Das folgende Kapitel beschäftigt sich mit der Darstellung und Analyse der erhobenen Daten. Die deskriptive Statistik gibt zunächst einen Überblick über das Datenmaterial und die Stichprobe. Diese dienen als Hintergrundinformation zur Studie. Es folgt die Inferenzstatistik, die die Zusammenhänge und den Einfluss der Variablen aufeinander darstellt. Da es sich um eine explanative quantitative Studie handelt, werden die bereits theoretisch abgeleiteten Hypothesen in diesem Kapitel geprüft und ggf. falsifiziert (Döring & Boltz, 2016). Die Auswertung der erhobenen Daten erfolgt mittels des PC-Programms SPSS Statistics.

## 4.1 DESKRIPTIVE DATENANALYSE

Die Stichprobengröße von N = 319 verteilt sich rechtsschief über die demografischen Daten der Probanden. Insgesamt haben 213 weibliche und 106 männliche Probanden an der Umfrage teilgenommen. Somit hat keiner der Probanden divers ausgewählt. Im Durchschnitt sind die Probanden etwas mehr als 39 Jahre alt (M = 39.51), wobei der jüngste Teilnehmer 18 Jahre alt und der älteste Teilnehmer 64 Jahre alt ist. Im Durchschnitt weicht das Alter um mehr als 12 Jahre vom Mittelwert ab (SD = 12.48).

69 % der Befragten sind 31 Jahre alt. Damit ist dieses Alter am häufigsten vertreten.

Im Schnitt sind die Probanden seit 17.21 Jahren berufstätig und seit 10.76 Jahren bei ihrem aktuellen Arbeitgeber tätig. Hier zeigt sich eine große Spannweite zwischen einem Jahr Berufstätigkeit und 55 Jahren Berufstätigkeit (SD = 12.82) sowie 0.5 Jahren Betriebszugehörigkeit bis 55 Jahren Betriebszugehörigkeit (SD = 11.02). Unter Umständen wurde bei einem Wert von 55 Jahren Berufs- und Betriebszugehörigkeit falsch gerechnet. Dem Anschein nach musste einer der Probanden schon mit 9 Jahren arbeiten. An dieser Stelle können hierüber jedoch keine Rückschlüsse gezogen werden. Die breite Streuung der Werte um den Mittelwert wird auch anhand der Standardabweichungen deutlich.

27,6 % der Probanden verfügen über eine Berufsausbildung und 51 % der Befragten haben ein Hochschulstudium absolviert. 10,7 % der Befragten können sich keiner der genannten Bildungsabschlüsse zuordnen (siehe Anhang D).

Abbildung 12 verdeutlicht am Merkmalsbeispiel Alter die Verteilung über die Stichprobe im Vergleich zur Normalverteilung. Die Schiefe von V = 0.41 und die Kurtosis mit einem Wert von W = -1.07 weisen eine rechtsschiefe Verteilung mit einer abgeflachten Wölbung nach. Bei einer Normalverteilung liegen Schiefe und Kurtosis bei einem Wert von Null. Je mehr die Werte von Null abweichen, desto weniger sind die Werte normalverteilt (Döring & Bortz, 2016).

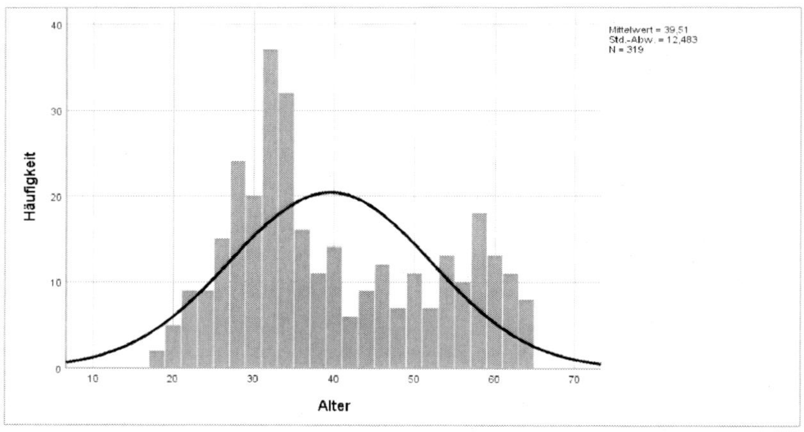


**Abb. 12**: Histogramm der Altersstruktur der Probanden im Vergleich zur Normal-verteilung (eigene Darstellung).

Ein ähnliches Ergebnis zeigt sich bei den weiteren demografischen Variablen. Alle Verteilungen zeigen eine rechtsschiefe Anordnung, und mit Ausnahme der steileren Kurve der Betriebszugehörigkeit mit einer Kurtosis von W = 1.28 handelt es sich bei allen Verteilungen um einen flachgipfeligen Kurvenverlauf.

## 4.2 NORMALVERTEILUNG

Die Berechnung der Normalverteilung der demografischen Daten mit dem Shapiro-Wilk-Test zeigt, dass alle demografischen Daten in der Stichprobe nicht normalverteilt sind ($p \leq \alpha = 0.05$) [siehe Anhang E].

Die Testung der beiden Testinstrumente auf Normalverteilung - wie in Tabelle 4 dargestellt - ergibt mit dem Shapiro-Wilk-Test eine Normalverteilung der Stichprobe bei beiden Testverfahren. Die Berechnungen ergeben mit dem Shapiro-Wilk-Test für den gekürzten IMA-40 einen Signifikanzwert von 0.291 und für den HEXACO-60 einen Wert von 0.314 zu einem Signifikanzniveau von 5 %. Die Ergebnisse mit dem Kolmogorov-Smirnova-Test fallen geringer aus. Der HEXACO-60 liegt bei einem Wert von 0.20. Der IMA-40 liegt nach diesem Testverfahren mit einem Wert von 0.052 nach dem Kolmogorov-Smirnova-Test über der Grenze der Normalverteilung ($p < \alpha = 0.05$). Der Kolmogorov-Smirnova-Test wird in Testanalysen seltener angewendet, da er eine geringere Teststärke besitzt als der Shapiro-Wilk-Test. Daher werden in der vorliegenden Arbeit die Ergebnisse des Shapiro-Wilk-Tests verwendet (Yazici & Yolacan, 2007). Beide Testverfahren erfüllen somit die Voraussetzung der Normalverteilung.

Ebenfalls normalverteilt zeigen sich die Residuen der Testverfahren. Die Streudiagramme zeigen konforme Ergebnisse. Nur wenige Abweichungen sind in den Modellen erkennbar (siehe Anhang F).

*Tests auf Normalverteilung*

| | Kolmogorov-Smirnov[a] | | | Shapiro-Wilk | | |
|---|---|---|---|---|---|---|
| | Statistik | df | Signifikanz | Statistik | df | Signifikanz |
| IMA | .050 | 319 | .052 | .994 | 319 | .291 |
| HEXACO | .032 | 319 | .200* | .995 | 319 | .314 |

*Anmerkung.* *. Dies ist eine untere Grenze der echten Signifikanz.

Signifikanzkorrektur nach Lilliefors

**Tab. 4:** Test auf Normalverteilung der Skalen

## 4.3 Inferenzstatistik

Zur Prüfung der Hypothesen auf Basis der klassischen Signifikanztestung werden Regressionsanalysen verwendet. Gesucht wird nach Ursachen-Wirkungs-Zusammenhängen zwischen den Dimensionen der Persönlichkeit und den Subfacetten der Ambiguitätstoleranz. Als abhängige Variable wird hierbei die Persönlichkeitsdimensionen Extraversion, Offenheit für Erfahrungen und Emotionalität definiert und als unabhängige Variablen bzw. erklärende Variablen die Subfacetten der Ambiguitätstoleranz.

Grundvoraussetzung für die Anwendung metrischer Testverfahren wie lineare, multivariate und hierarchische Regressionen sind eine Normalverteilung der Skalen, eine Homoskedastie der Residuen sowie ein metrisches Skalenniveau (Döring &Bortz, 2016). Diese Voraussetzung der Normalverteilung sowie keine offensichtliche Struktur der Residuen konnte bereits in Kapitel 4.2 bestätigt werden. Bei mehrstufigen Likertskalen - wie hier vorliegend - wird ein metrisches Skalenniveau unterstellt (Döring & Bortz, 2016). A priori wird ein Signifikanzniveau von 5 % für die Analyse der Berechnungen festgelegt. Das Vertrauensintervall von 95 % wird angegeben, da Messfehler z. B. aufgrund der aktuellen Stimmungslage auftreten und das Ergebnis verfälschen können (Schneider et al., 2018).

Somit sind alle Grundvoraussetzungen erfüllt, um im weiteren Verlauf der Analyse Regressionsberechnungen durchführen zu können (Untersteiner, 2007).

### *4.3.1 Hypothese 1(H1)*

H1: *Je höher die drei Facetten der Ambiguitätstoleranz, desto höher die Ausprägung der Extraversion.*

Auf Basis eines einfachen Streudiagramms können erste visuelle Aussagen über einen Zusammenhang zwischen den Variablen getroffen werden. Wie in Abbildung 13 dargestellt, findet sich ein linearer Zusammenhang zwischen dem Persönlichkeitsfaktor Extraversion und der Ambiguitätstoleranz. Die positive Streuung wird durch die steigende Anpassungslinie verdeutlicht. Nicht jeder Punkt der Punktwolke streut in unmittelbarer Nähe zur Anpassungslinie, und es lassen sich Ausreißer erkennen. Dennoch wird die steigende Tendenz deutlich.

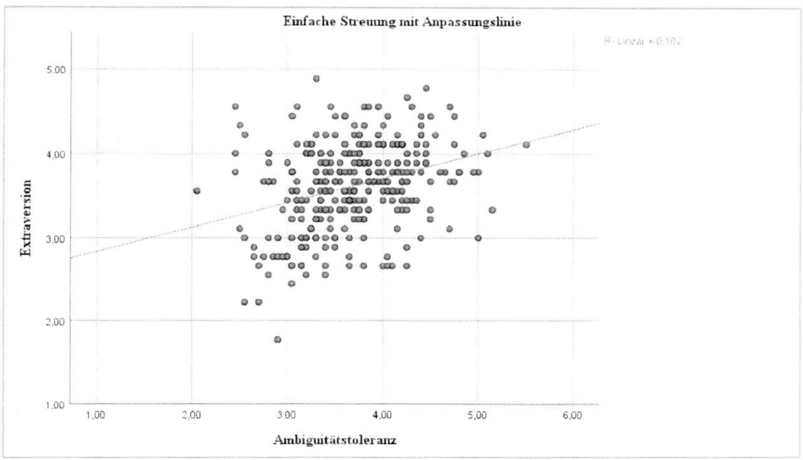


**Abb. 13:** Streudiagramm des Zusammenhangs zwischen der Extraversion (AV) und der Ambiguitätstoleranz (UV) [eigene Darstellung].

Die Berechnung der einfachen linearen Regression mittels Einschlussmethode zeigt gleiche Ergebnisse. Das Bestimmtheitsmaß R-Quadrat weist einen Wert von .102 auf. 10,2 % der Extraversion der Probanden kann somit durch die Ambiguitätstoleranz erklärt werden (Urban & Mayerl, 2019). Da der vorliegenden Berechung jeweils eine abhängige und eine unabhängige Variable zugrunde liegen, muss nicht auf das korrigierte R-Quadrat zurückgegriffen werden (Urban & Mayerl, 2019).

Der T-Wert von 6.003 in Tabelle 5 zeigt ebenfalls an, dass ein Effekt bzw. ein Zusammenhang vorliegt. Kein Effekt läge vor, wenn der T-Wert Null betragen würde (Stoetzer, 2017). Der Standardfehler liegt bei .048 und müsste auf den Regressionskoeffizienten draufgerechnet werden, um den wahren Wert zu erhalten.

*Koeffizienten[a]*

| Modell | Nicht standardisierte Koeffizienten | Standardisierte Koeffizienten | T | Sig. | 95.0 % Konfidenzintervalle für B |
|---|---|---|---|---|---|

| | | Regressi-<br>onskoeffi-<br>zientB | Std.-Fehler | Beta | | | Untergrenze | Obergrenze |
|---|---|---|---|---|---|---|---|---|
| 1 | (Konstante) | 2.550 | .178 | | 14.287 | .000 | 2.199 | 2.901 |
| | Ambiguität | .289 | .048 | .319 | 6.003 | .000 | .194 | .384 |

*Anmerkung*. a. Abhängige Variable: Extraversion

**Tab. 5**: Koeffizienten der Regressionsanalyse der Variablen Extraversion und Ambiguitätstoleranz

Tabelle 5 verdeutlicht die Regressionsfunktion der Ergebnisse. Wobei a die Konstante darstellt (a = 2.550) und die b die Steigung, die durch den nicht standardisierten Koeffizienten dargestellt wird (b = 0.289). Die Konstante gibt den durchschnittlichen Wert der Extraversion an, wenn die Ambiguitätstoleranz = 0 ist. Daraus ergibt sich folgende Regressionsfunktion:

$y = 2.550 + 0.289 * x$

Mit der Zunahme einer Einheit Ambiguitätstoleranz (= x) steigt gleichzeitig das Persönlichkeitsmerkmal Extraversion (= y) um 0.289 Einheiten an. Bei zugrundeliegender Bewertungsskala von 1 bis 5 kann von einem mittelstarken Ergebnis mit statistischer Signifikanz gesprochen werden (p = 0.000).

Die ANOVA-Tabelle (Tabelle 6) verdeutlicht die Ergebnisse der Varianzanalyse. Sie stellt dar, dass es sich um einen signifikanten Zusammenhang handelt. Der Signifikanzwert von p = 0.000 liegt unter der Irrtumswahrscheinlichkeit von 5 % (p = 0.05). Gleichzeitig weist der F-Wert eine Abweichung von Null auf (F = 36.031). Somit kann die implizite Nullhypothese, nämlich dass die Ambiguitätstoleranz keinen Einfluss auf die Extraversion hat, zugunsten der H1 zu einem Signifikanzniveau von 5 % verworfen werden. Die Ambiguitätstoleranz hat einen brauchbaren und nicht zufällig steigenden Einfluss auf das Persönlichkeitsmerkmal Extraversion. Je höher die Ambiguitätstoleranz, desto höher ist die Extraversion des Probanden.

*ANOVA*[a]

| Modell | | Quadratsumme | df | Mittel der Quadrate | F | Sig. |
|---|---|---|---|---|---|---|
| 1 | Regression | 8.520 | 1 | 8.520 | 36.031 | .000[b] |
| | Nicht standardisierte Residuen | 74.956 | 317 | .236 | | |
| | Gesamt | 83.476 | 318 | | | |

*Anmerkung*. a. Abhängige Variable: Extraversion

b. Einflussvariablen: (Konstante), Ambiguität

**Tab. 6:** Varianzanalyse (ANOVA) der Variablen Extraversion und Ambiguitätstoleranz

### *4.3.2 Hypothese 2(H2)*

H2: *Je höher die drei Facetten der Ambiguitätstoleranz, desto höher die Ausprägung der Offenheit für neue Erfahrungen.*

Zur Überprüfung der Hypothese lassen sich durch das Streudiagramm erste Aussagen treffen. Dargestellt wird eine einfache lineare Regression der Variablen Offenheit für Erfahrungen und der Ambiguitätstoleranz.

Die Abbildung 14 verdeutlicht, dass das Persönlichkeitsmerkmal Offenheit für Erfahrungen bei steigender Ambiguitätstoleranz steigt. Die Anpassungslinie weist eine deutliche Steigung auf, auch wenn nicht alle Punkte in unmittelbarer Nähe zur Linie liegen.

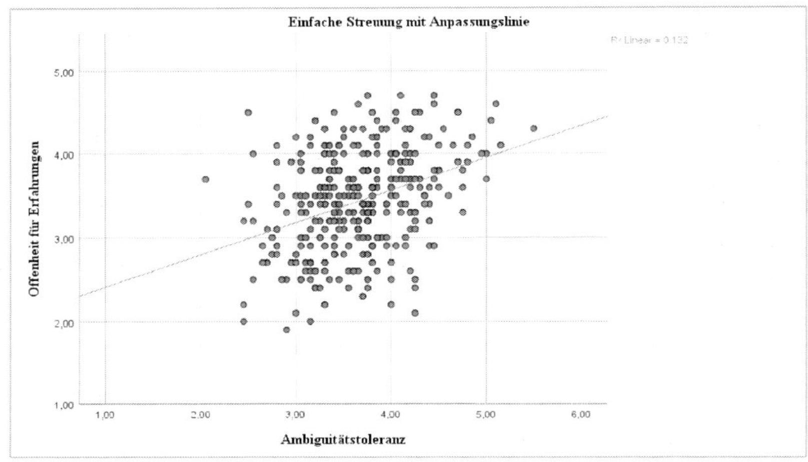


**Abb. 14**: Streudiagramm des Zusammenhangs zwischen der Offenheit für neue Erfahrungen (AV) und der Ambiguitätstoleranz (UV) [eigene Darstellung].

Die rechnerisch ermittelte lineare Regressionsanalyse mittels Einschlussmethode ergibt ein R-Quadrat von .132. Demnach können 13,2 % der Offenheit für Erfahrungen eines Probanden durch die Ambiguitätstoleranz des Probanden erklärt werden. Die T-Wert-Analyse ergibt einen Wert von 6.953 verschoben von Null. Er stellt somit ebenfalls einen Einfluss dar (siehe Tabelle 7). Der Standardfehler liegt bei .055 und müsste auf den Regressionskoeffizienten draufgerechnet werden, um den wahren Wert zu erhalten.

Tabelle 7 verdeutlicht die Regressionsfunktion der Ergebnisse. Wobei a die Konstante darstellt (a = 2.026) und die b die Steigung, die durch den Regressionskoeffizienten dargestellt wird (b = 0.386). Daraus ergibt sich folgende Regressionsfunktion:

$y = 2.026 + 0.386 * x$

Mit der Zunahme einer Einheit Ambiguitätstoleranz (= x) steigt gleichzeitig das Persönlichkeitsmerkmal Offenheit für Erfahrungen (= y) um 0.386 Einheiten an. Bei zugrundeliegender Bewertungsskalen von 1 bis 5 kann von einem mittelstarken Ergebnis mit statistischer Signifikanz gesprochen werden (p=0.000).

*Koeffizienten*[a]

| Modell | | Nicht standardisierte Koeffizienten Regressions-KoeffizientB | Std.-Fehler | Standardisierte Koeffizienten Beta | T | Sig. | 95,0% Konfidenzintervalle für B Untergrenze | Obergrenze |
|---|---|---|---|---|---|---|---|---|
| 1 | (Konstante) | 2.026 | .205 | | 9.865 | .000 | 1.622 | 2.430 |
| | Ambiguität | .386 | .055 | .364 | 6.953 | .000 | .276 | .495 |

*Anmerkung.* a. Abhängige Variable: Offenheit

**Tab. 7**: Koeffizienten der Regressionsanalyse der Variablen Offenheit für Erfahrungen und Ambiguitätstoleranz

Die ANOVA-Tabelle (siehe Tabelle 8) zeigt, dass der Signifikanzwert bei p = 0,000 liegt. Gleichzeitig weist der F-Wert eine Abweichung von Null auf (F = 48.344).

Es liegt ein signifikanter Zusammenhang zwischen der Offenheit für Erfahrungen und der Ambiguitätstoleranz vor. Demnach hat die Ambiguitätstoleranz einen Einfluss auf die Offenheit für neue Erfahrungen.

*ANOVA*[a]

| Modell | | Quadratsumme | df | Mittel der Quadrate | F | Sig. |
|---|---|---|---|---|---|---|
| 1 | Regression | 15.136 | 1 | 15.136 | 48.344 | .000[b] |
| | Nicht standardisierte Residuen | 99.248 | 317 | .313 | | |
| | Gesamt | 114.384 | 318 | | | |

*Anmerkung.* a. Abhängige Variable: Offenheit

b. Einflussvariablen: (Konstante), Ambiguität

**Tab. 8**: Varianzanalyse (ANOVA) der Variablen Offenheit für Erfahrungen und Ambiguitätstoleranz

Die Nullhypothese, dass die Ambiguitätstoleranz keinen Einfluss auf die Offenheit für Erfahrungen hat, kann zugunsten der H2 zu einem Signifikanzniveau von 5 % verworfen werden. Je höher die Ambiguitätstoleranz ist, desto höher ist die Offenheit für Erfahrungen des Probanden.

### 4.3.3 *Hypothese 3(H3)*

H3: *Je höher die drei Facetten der Ambiguitätstoleranz, desto niedriger die Ausprägung der Emotionalität.*

Bereits anhand des Streudiagramms in Abbildung 15 lässt sich ein Zusammenhang zwischen der Emotionalität der Probanden und deren Ambiguitätstoleranz vermuten. Je niedriger die Ambiguitätstoleranz vorhanden ist, desto höher ist das Persönlichkeitsmerkmal Emotionalität bei den Probanden ausgeprägt. Die sinkende Anpassungslinie zeugt von einem negativen Zusammenhang der Variablen, auch wenn nicht alle Punkte unmittelbar um die Linie streuen. Demnach scheint zu gelten: Bei steigender Ambiguitätstoleranz sinkt die Emotionalität.

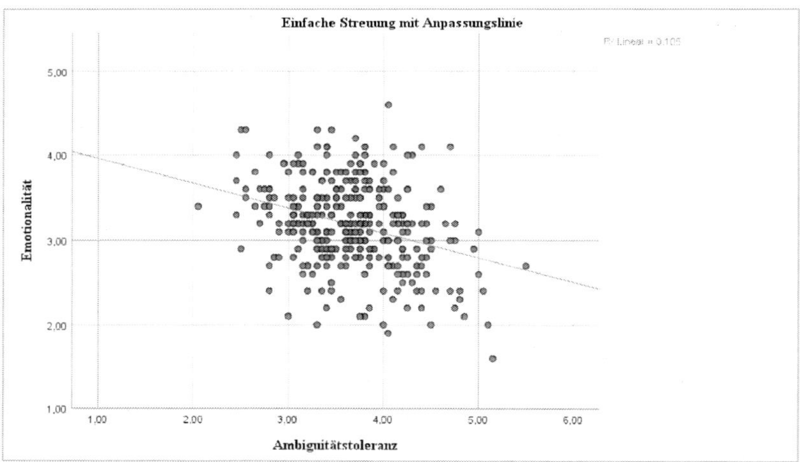


**Abb. 15:** Streudiagramm des Zusammenhangs zwischen der Emotionalität (AV) und der Ambiguitätstoleranz (UV) [eigene Darstellung].

Das R-Quadrat von .105 stellt einen linearen Zusammenhang der Variablen dar. Rund 10,5 % der Emotionalität kann über die Ambiguitätstoleranz erklärt werden.

Der T-Wert liegt bei -6.103 verschoben von Null (siehe Tabelle 9).

Der Standardfehler liegt bei .048 und müsste auf den Regressionskoeffizienten draufgerechnet werden, um den wahren Wert zu erhalten.

*Koeffizienten[a]*

| Modell | | Nicht standardisierte Koeffizienten | | Standardisierte Koeffizienten | T | Sig. | 95,0% Konfidenzintervalle für B | |
|---|---|---|---|---|---|---|---|---|
| | | Regressions-KoeffizientB | Std.-Fehler | Beta | | | Untergrenze | Obergrenze |
| 1 | (Konstante) | 4.253 | .177 | | 24.056 | .000 | 3.905 | 4.601 |
| | Ambiguität | -.291 | .048 | -.324 | -6.103 | .000 | -.385 | -.197 |

*Anmerkung.* a. Abhängige Variable: Emotionalität

**Tab. 9**: Koeffizienten der Regressionsanalyse der Variablen Emotionalität und Ambiguitätstoleranz

Tabelle 9 verdeutlicht die Regressionsfunktion der Ergebnisse, wobei a die Konstante darstellt (a = 4.253) und die b die Steigung, die durch den Regressionskoeffizienten dargestellt wird (b = - 0.291). Das negative Vorzeichen stellt die negative Steigung dar. Daraus ergibt sich folgende Regressionsfunktion:

$y = 4.253 - 0.291 * x$

Mit der Zunahme einer Einheit Ambiguitätstoleranz (=x) sinkt gleichzeitig das Persönlichkeitsmerkmal Emotionalität (=y) um 0.291 Einheiten. Bei zugrundeliegender Bewertungsskala von 1 bis 5, kann von einem mittelstarken Ergebnis mit statistischer Signifikanz gesprochen werden (p=0.000).

Die ANOVA-Tabelle (siehe Tabelle 10) zeigt einen signifikanten Wert von p = 0.000 und liegt somit unter dem Signifikanzniveau von 5 Der F-Wert ist mit F = 37.243 von Null abweichend. Die Nullhypothese, dass die Ambiguitätstoleranz keinen Einfluss auf die Emotionalität hat, kann demnach zugunstender H3 zu einem Signifikanzniveau von 5 % verworfen werden. Die Ambiguitätstoleranz hat einen negativen Einfluss auf das Persönlichkeitsmerkmal Emotionalität. Je höher die Ausprägung der Ambiguitätstoleranz, desto geringer ist die Ausprägung der Emotionalität.

*ANOVA*[a]

| Modell | | Quadratsumme | df | Mittel der Quadrate | F | Sig. |
|---|---|---|---|---|---|---|
| 1 | Regression | 8.641 | 1 | 8.641 | 37.243 | .000[b] |
| | Nicht standardisierte Residuen | 73.551 | 317 | .232 | | |
| | Gesamt | 82.192 | 318 | | | |

*Anmerkung.* a. Abhängige Variable: Emotionalität

b. Einflussvariablen: (Konstante), Ambiguität

**Tab. 10**: Varianzanalyse (ANOVA) der Variablen Emotionalität und Ambiguitätstoleranz

Durch die Hypothesen 1 bis 3 konnte ermittelt werden, dass die Ambiguitätstoleranz, die stellvertretend für die Produktivität in neuen Arbeitsformen betrachtet wird, einen signifikanten Einfluss auf die Persönlichkeitsmerkmale Extraversion, Offenheit für Erfahrungen und Emotionalität hat.

Die nachfolgenden Hypothesen 4 bis 6 gehen der Frage nach, ob die Unterfacetten der Ambiguitätstoleranz einen unterschiedlich starken Einfluss auf die Aufklärung der betrachteten Persönlichkeitsmerkmale haben.

### 4.3.4 *Hypothese 4(H4)*

H4: *Die Facetten der Ambiguitätstoleranz haben einen unterschiedlich starken Einfluss auf die Aufklärung der Extraversion.*

Um den unterschiedlichen Einfluss der drei Subfacetten der Ambiguitätstoleranz auf die Extraversion der Probanden zu prüfen, wird zunächst wieder eine lineare Regressionsanalyse berechnet. Entscheidend ist, dass an dieser Stelle drei unabhängige Variablen und eine abhängige Variable betrachtet werden. Geschätzt wird der Einfluss jeder einzelnen unabhängigen Variablen auf die abhängige Variable, losgelöst vom Einfluss aller weiteren definierten Variablen im Modell.

Diese werden bewusst kontrolliert bzw. konstant gehalten (Urban & Mayerl, 2019).

Die Modellzusammenfassung verdeutlicht, dass 11 % des Persönlichkeitsmerkmals Extraversion über die drei Subfacetten der Ambiguitätstoleranz erklärt werden können, da das korrigierte oder adjustierte R-Quadrat einen Wert von .110 zeigt (siehe Anhang G). An dieser Stelle wird das korrigierte Bestimmtheitsmaß verwendet, da sich durch die Hinzunahme weiterer unabhängiger Variablen das R-Quadrat automatisch vergrößert, ohne dass man ein tatsächlich besser erklärendes Modell erhält. Das R-Quadrat wird daher korrigiert, um diesem Effekt aufzuheben (Urban und Mayerl, 2019). Der F-Wert weicht mit F = 14.039 von Null ab (siehe Anhang G).

Die ANOVA-Tabelle weist auf signifikante Ergebnisse hin, da p = 0.000 kleiner ist als der Alpha-Fehler von 5 % (siehe Anhang G). Tabelle 11 stellt darüber hinaus dar, dass die Subfacetten OE und SK signifikanten Einfluss auf die abhängige Variable haben. Die Subfacette PR zeigt mit einem Wert von p = 0.657 keinen signifikanten Einfluss, da der Wert über p = 0.05 liegt (Alpha-Fehler).

Die Regressionskoeffizienten stellen dar, um wie viele Einheiten die abhängige Variable unter dem Einfluss der unabhängigen Variablen steigt bzw. sinkt. Negative Vorzeichen geben an, dass es sich um einen negativen Zusammenhang handelt (Urban & Mayerl, 2019). Mit jeder Einheit, die der Proband mehr Ausprägung der Subfacette SK zeigt, steigt seine Ausprägung der Extraversion um .104. Für die Subfacette OE steigt die Ausprägung um .194 und für die Subfacette PR um .016.

Die T-Wert-Analyse zeigt, dass alle Werte von Null abweichen und somit von einem Einfluss ausgegangen werden kann. Die Subfacette PR hat mit einem nahe am Nullwert liegenden T = 0.445 einen sehr geringen und nicht signifikanten Einfluss auf das Persönlichkeitsmerkmal Extraversion des Probanden. Die Subfacetten SK und OE zeigen Signifikante Werte <= 0.05.

Mit 95 % Wahrscheinlichkeit liegt der Wahre Wert für sie Subfacette SK im Intervall zwischen .032 und .177, für die Subfacette OE im Bereich .111 und .278 sowie für die Subfacette PR im Intervall zwischen -.055 und .087.

*Koeffizienten*[a]

| Modell | | Nicht standardisierte Koeffizienten | | Standardisierte Koeffizienten | | | 95,0 % Konfidenzintervalle für B | |
|---|---|---|---|---|---|---|---|---|
| | | Regressions-koeffizientB | Std.-Fehler | Beta | T | Sig. | Untergrenze | Obergrenze |
| 1 | (Konstante) | 2.434 | .189 | | 12.883 | .000 | 2.063 | 2.806 |
| | SK | .104 | .037 | .161 | 2.825 | .005 | .032 | .177 |
| | OE | .194 | .042 | .259 | 4.592 | .000 | .111 | .278 |
| | PR | .016 | .036 | .027 | .445 | .657 | -.055 | .087 |

*Anmerkung*. a. Abhängige Variable: Extraversion

**Tab. 11**: Koeffizienten der multiplen Regressionsanalyse der Variablen Extraversion und der Subfacetten der Ambiguitätstoleranz

Die Regressionsgleichung lautet wie folgt. Wobei die Konstante a = 2.434 beträgt.

$$y = 2.434 + 0.104x_1 + 0.194x_2 + 0.016x_3$$

Die Nullhypothese wird zu einem Signifikanzniveau von 5 % zugunsten der Forschungshypothese verworfen. Die Subfacetten der Ambiguitätstoleranz haben einen unterschiedlich starken Einfluss auf die Aufklärung des Persönlichkeitsmerkmals Extraversion.

### 4.3.5 *Hypothese 5(H5)*

H5: *Die Facetten der Ambiguitätstoleranz haben einen unterschiedlich starken Einfluss auf die Aufklärung der Offenheit für neue Erfahrungen.*

Die multiple Regressionsanalyse ergibt für das Persönlichkeitsmerkmal Offenheit für Erfahrungen ein korrigiertes R-Quadrat von .132. Somit können 13,2 % der Offenheit für Erfahrungen über die Subfacetten der Ambiguitätstoleranz erklärt werden. Der F-Wert weicht mit F = 17.050 von Null ab (siehe Anhang H).

Die ANOVA-Tabelle zeigt mit p = 0.000, dass es sich um einen signifikanten Zusammenhang handeln muss (Anhang H). Tabelle 12 stellt dar, dass alle Subfacetten der Ambiguitätstoleranz einen signifikanten Einfluss auf das Persönlichkeitsmerkmal Offenheit für Erfahrungen haben. Alle Werte liegen unter dem Alpha-Fehler von p = 0.05.

Die Regressionskoeffizienten weisen auf einen steigenden Einfluss hin. Die Subfacette OE hat mit einem Wert von .165 den höchsten Einfluss, es folgt PR mit einem Regressionskoeffizienten von .125. Die Subfacette SK hat mit einem Wert von .110 den geringsten Einfluss.

Die T-Werte der drei Subfacetten zeigen, dass alle Werte von Null abweichen, wobei SK weniger stark abweicht als OE und PR. Diese Werte weisen ebenfalls auf einen Einfluss aller Subfacetten hin.

*Koeffizienten*[a]

| Modell | | Nicht standardisierte Koeffizienten | | Standardisierte Koeffizienten | | | 95,0% Konfidenzintervalle für B | |
|---|---|---|---|---|---|---|---|---|
| | | Regressions-koeffizientB | Std.-Fehler | Beta | T | Sig. | Untergrenze | Obergrenze |
| 1 | (Konstante) | 1.935 | .218 | | 8.856 | .000 | 1.505 | 2.364 |
| | SK | .110 | .043 | .145 | 2.578 | .010 | .026 | .194 |
| | OE | .165 | .049 | .188 | 3.374 | .001 | .069 | .261 |
| | PR | .125 | .042 | .176 | 2.990 | .003 | .043 | .207 |

*Anmerkung.* a. Abhängige Variable: Offenheit

**Tab. 12**: Koeffizienten der multiplen Regressionsanalyse der Variablen Offenheit für Erfahrun-gen und der Subfacetten der Ambiguitätstoleranz

Die Regressionsgleichung lautet wie folgt. Wobei die Konstante a = 1.935 beträgt.

$$y = 1.935 + 0.11x_1 + 0.165x_2 + 0.125x_3$$

Auf Basis der Analyse wird die Nullhypothese zugunsten H5 verworfen zu einem Signifikanzniveau von 5%. Die Subfacetten der Ambiguitätstoleranz zeigen einen unterschiedlich starken Einfluss auf die Aufklärung der Persönlichkeitsfacette Offenheit für Erfahrungen.

### 4.3.6 HYPOTHESE 6(H6)

*H6: Die Facetten der Ambiguitätstoleranz haben einen unterschiedlich starken Einfluss auf die Aufklärung der Emotionalität.*

Das korrigierte R-Quadrat der multiplen Regressionsanalyse ergibt einen Wert von .140. Somit lassen sich 14 % der Emotionalität durch die Ambiguitätstoleranz eines Probanden erklären. Der F-Wert weicht mit F = 18.230 von Null ab und deutet ebenfalls auf Effekte hin (siehe Anhang I).

Die ANOVA-Tabelle verdeutlicht einen signifikanten Einfluss, da p = 0.000 und somit unter p = 0.05 liegt (siehe Anhang I).

Tabelle 13 zeigt, dass die abhängige Variable unter dem Einfluss der unabhängigen Variablen teilweise sinkt. Dies verdeutlichen die Vorzeichen der Regressionskoeffizienten. Einen signifikanten Einfluss auf die abhängige Variable haben die Subfacetten SK mit p = 0.000 mit einem Regressionskoeffizienten von -.179 und PR mit p = 0.001 mit einem Regressionskoeffizienten von -.117. Sie Subfacette OE hat keinen signifikanten Einfluss auf die Emotionalität der Probanden. Hier liegt der Wert bei p = 0.416 und somit über dem Signifikanzniveau von p <= 0.05.

Die Analyse der T-Werte verdeutlicht ebenfalls vorhandene Einfluss. Alle Werte weichen von Null ab und liegen zwischen -4.988 und 0.815.

*Koeffizienten[a]*

| | Nicht standardisierte Koeffizienten | | Standardisierte Koeffizienten | | | 95.0 % Konfidenzintervalle für B | |
|---|---|---|---|---|---|---|---|
| Modell | Regressions-koeffizientB | Std.-Fehler | Beta | T | Sig. | Untergrenze | Obergrenze |

| | | | | | | | | |
|---|---|---|---|---|---|---|---|---|
| 1 | (Konstante) | 4.040 | .184 | | 21.923 | .000 | 3.678 | 4.403 |
| | SK | -.179 | .036 | -.280 | -4.988 | .000 | -.250 | -.109 |
| | OE | .034 | .041 | .045 | .815 | .416 | -.048 | .115 |
| | PR | -.117 | .035 | -.195 | -3.326 | .001 | -.187 | -.048 |

*Anmerkung.* a. Abhängige Variable: Emotionalität

**Tab. 13**: Koeffizienten der multiplen Regressionsanalyse der Variablen Emotionalität und der Subfacetten der Ambiguitätstoleranz

Die Regressionsgleichung lautet wie folgt. Wobei die Konstante a = 4.040 beträgt

$y = 4.040 - 0.179x_1 + 0.034x_2 - 0.117x_3$

Die Nullhypothese wird verworfen und H6 angenommen. Die Subfacetten der Ambiguitätstoleranz haben einen unterschiedlich starken Einfluss auf die Aufklärung der Persönlichkeitsfacette Emotionalität.

Dass die Ambiguitätstoleranz einen Einfluss auf die betrachteten Persönlichkeitsmerkmale hat, konnte bereits durch die lineare Regression nachgewiesen werden. Darüber hinaus hat die multiple lineare Regression ergeben, dass die Subfacetten einen unterschiedlich starken Einfluss auf die Aufklärung der Persönlichkeitsmerkmale haben.

Im Folgenden soll durch eine hierarchische bzw. schrittweise Regression geprüft werden, um wie viel höher der Einfluss der unabhängigen Variablen auf die abhängige Variable wird, je mehr Subfacetten der Ambiguitätstoleranz genutzt werden bzw. wie viele Prädiktorvariablen benötigt werden, um die Kriteriumsvariable bestmöglich vorherzusagen. Die einzelnen Subfacetten werden sequenziell in das Modell integriert. Zunächst wird die unabhängige Variable in das Modell aufgenommen, die am höchsten mit der abhängigen Variablen korreliert. Geprüft wird die Veränderung des Bestimmtheitsmaßes (Urban & Mayerl, 2019).

### 4.3.7 HYPOTHESE 7(H7)

H7: *Je mehr Facetten der Ambiguitätstoleranz genutzt werden, desto höher ist die Aufklärung der Extraversion.*

Zur Berechnung des Modells werden zunächst die Wahrscheinlichkeiten der Aufnahme der unabhängigen Variablen sowie deren Ausschluss definiert. Die Signifikanz muss für eine Aufnahme unter oder gleich einem Wert von p = 0.05 sein, und für einen Ausschluss muss die Signifikanz größer oder gleich einem Wert von p = 0.1 betragen. Wenn eine Signifikanz von 0.1 erreicht wird, dann wird die unabhängige Variable ausgeschlossen, auch nachdem sie schon in das Modell aufgenommen wurde. Es verbleiben nur die unabhängigen Variablen im Modell, die einen signifikanten Einfluss auf die abhängige Variable haben (Urban, Mayerl, 2018).

Zunächst wird die Subfacette mit dem höchsten Korrelationswert in das Modell aufgenommen. Die Korrelation nach Pearson ergibt für die unabhängige Variable OE die höchste Korrelation mit .299 und die niedrigste Korrelation für PR mit einem Wert von .175, wie in Tabelle 14 dargestellt.

*Korrelationen*

| | | Extraversion | SK | OE | PR |
|---|---|---|---|---|---|
| Korrelation nach Pearson | Extraversion | 1.000 | .221 | .299 | .175 |
| | SK | .221 | 1.000 | .192 | .370 |
| | OE | .299 | .192 | 1.000 | .342 |
| | PR | .175 | .370 | .342 | 1.000 |
| Sig. (1-seitig) | Extraversion | . | .000 | .000 | .001 |
| | SK | .000 | . | .000 | .000 |
| | OE | .000 | .000 | . | .000 |
| | PR | .001 | .000 | .000 | . |
| N | Extraversion | 319 | 319 | 319 | 319 |

| | | | | |
|---|---|---|---|---|
| SK | 319 | 319 | 319 | 319 |
| OE | 319 | 319 | 319 | 319 |
| PR | 319 | 319 | 319 | 319 |

**Tab. 14**: Korrelation nach Pearson für die abhängige Variable Extraversion

Tabelle 15 stellt dar, dass nur zwei Modelle ausgewählt werden. Es werden nicht mehr als zwei unabhängige Variablen aufgenommen, um die abhängige Variable zu erklären. Das erste Modell verdeutlicht, dass fast 9 % der Extraversion bereits über die Subfacette OE erklärt werden kann. Die Hinzunahme der Subfacette SK führt zu einer Änderung im R-Quadrats um .028. Das R-Quadrat steigt auf einen Wert von .117 bzw. das korrigierte R-Quadrat auf den Wert von .112 an. Somit können durch eine Hinzunahme einer weiteren Subfacette (SK) nun 11,2 % der Extraversion des Probanden über die zwei Subfacetten OE und SK der Ambiguitätstoleranz erklärt werden.

*Modellzusammenfassung*

| | | | | | Statistikwerte ändern | | | | |
|---|---|---|---|---|---|---|---|---|---|
| Modell | R | R-Quadrat | Korrigiertes R-Quadrat | Standard-fehler des Schätzers | Änderung in R-Quadrat | Änderung in F | df1 | df2 | Sig. Änderung in F |
| 1 | .299[a] | .090 | .087 | .48962 | .090 | 31.214 | 1 | 317 | .000 |
| 2 | .343[b] | .117 | .112 | .48286 | .028 | 9.933 | 1 | 316 | .002 |

*Anmerkung*. a. Einflußvariablen: (Konstante), OE

b. Einflußvariablen: (Konstante), OE, SK

**Tab. 15**: Modellzusammenfassung der schrittweisen Regression der Variablen Extraversion und Ambiguitätstoleranz

Der Einfluss des Modells auf die abhängige Variable wird durch die F-Werte dargestellt. Diese liegen für die vorliegenden Modelle bei F = 31.214 (Modell 1) und F = 9.933 (Modell 2). Somit sind sie verschoben von Null und haben demnach einen Einfluss. Die Signifikanz des Einflusses wird durch die Signifikanzwerte interpretierbar. Mit dem Wert p = 0.000 für Modell 1 und p = 0.002 für Modell 2 zeigen beide Modelle, dass die verwendeten Koeffizienten einen signifikanten Einfluss auf die abhängige Variable haben. Die Subfacetten OE und SK verbleiben beide im Modell. Im Modell 2 zeigen die Regressionskoeffizienten für OE einen Wert von .200 und für SK einen Wert von .110 (siehe Tabelle 16). Somit hat OE weiterhin den höchsten Einfluss auf die Extraversion.

*Koeffizienten[a]*

| Modell | | Nicht standardisierte Koeffizienten | | Standardisierte Koeffizienten | | | 95,0% Konfidenzintervalle für B | |
|---|---|---|---|---|---|---|---|---|
| | | Regressions-koeffizientB | Std.-Fehler | Beta | T | Sig. | Untergrenze | Obergrenze |
| 1 | (Konstante) | 2.680 | .168 | | 15.910 | .000 | 2.349 | 3.011 |
| | OE | .224 | .040 | .299 | 5.587 | .000 | .145 | .303 |
| 2 | (Konstante) | 2.459 | .180 | | 13.640 | .000 | 2.104 | 2.814 |
| | OE | .200 | .040 | .267 | 4.954 | .000 | .121 | .279 |
| | SK | .110 | .035 | .170 | 3.152 | .002 | .041 | .178 |

*Anmerkung.* a. Abhängige Variable: Extraversion

**Tab. 16**: Koeffizienten der schrittweisen Regressionsanalyse der Variablen Extraversion und der Subfacetten der Ambiguitätstoleranz

Tabelle 17 verdeutlicht den Ausschluss der dritten unabhängigen Variable PR aus dem Modell. Hier gibt es keinen signifikanten Einfluss der Subfacette auf die abhängige Variable. Bereits im ersten Modell übersteigt der Wert mit p = 0.151 das Aufnahmekriterium p <= 0.05 deutlich. Im angenommenen zweiten Modell liegt der Wert mit p = 0.657 noch höher und wird daher nicht berücksichtigt. Die Facette PR stellt keinen signifikanten Erkenntniszuwachs dar und kann aus dem Modell gestrichen werden (Urban & Mayerl, 2019).

*Ausgeschlossene Variablen[a]*

| Modell | | Beta In | T | Sig. | Partielle Korrelation | Kollinearitätsstatistik Toleranz |
|---|---|---|---|---|---|---|
| 1 | SK | .170[b] | 3.152 | .002 | .175 | .963 |
| | PR | .082[b] | 1.441 | .151 | .081 | .883 |
| 2 | PR | .027[c] | .445 | .657 | .025 | .787 |

*Anmerkung.* a. Abhängige Variable: Extraversion

b. Einflussvariablen im Modell: (Konstante), OE

c. Einflussvariablen im Modell: (Konstante), OE, SK

**Tab. 17**: Ausgeschlossene Subfacette PR zur Erklärung der Extraversion

Die Nullhypothese kann beibehalten werden. Eine Hinzunahme der unabhängigen Variablen führt nicht unbedingt zu einer höheren Aufklärung des Modells. Lediglich die Subfacette SK erhöht zusätzlich zur Subfacette OE die Aufklärung, nicht jedoch die Subfacette PR.

### *4.3.8 Hypothese 8(H8)*

H8: *Je mehr Facetten der Ambiguitätstoleranz genutzt werden, desto höher ist die Aufklärung der Offenheit für Erfahrungen.*

Mit einem Wert von .294 weist die Subfacette PR die höchste Korrelation nach Pearson mit der abhängigen Variablen auf, gefolgt von der Subfacette OE mit einem Wert von .276. Die niedrigste Korrelation findest sich mit der Subfacette SK mit einem Wert von .247 (siehe Tabelle 18).

*Korrelationen*

| | | Offenheit | SK | OE | PR |
|---|---|---|---|---|---|
| Korrelation nach Pearson | Offenheit | 1.000 | .247 | .276 | .294 |
| | SK | .247 | 1.000 | .192 | .370 |

| | | | | | |
|---|---|---|---|---|---|
| | OE | .276 | .192 | 1.000 | .342 |
| | PR | .294 | .370 | .342 | 1.000 |
| Sig. (1-seitig) | Offenheit | . | .000 | .000 | .000 |
| | SK | .000 | . | .000 | .000 |
| | OE | .000 | .000 | . | .000 |
| | PR | .000 | .000 | .000 | . |
| N | Offenheit | 319 | 319 | 319 | 319 |
| | SK | 319 | 319 | 319 | 319 |
| | OE | 319 | 319 | 319 | 319 |
| | PR | 319 | 319 | 319 | 319 |

**Tab. 18**: Korrelation nach Pearson für die abhängige Variable Offenheit für Erfahrungen

Alle drei Subfacetten verbleiben im Modell, wie in Tabelle 19 verdeutlicht. Durch die Hinzunahme weiterer Subfacetten kann die Aufklärung der abhängigen Variablen von einem korrigierten R-Quadrat von .084 (Modell 1) auf .116 (Modell 2) und auf .132 (Modell 3) gesteigert werden. Eine Hinzunahme weiterer unabhängiger Variablen erhöht demnach den Anteil der Aufklärung von 8,4 % auf 13,2 %.

Die F-Werte zeigen Werte abweichend von Null. Alle Subfacetten haben demnach einen Einfluss auf die abhängige Variable. Die Ergebnisse weisen auf einen signifikanten Einfluss hin, da alle Subfacetten einen Wert zwischen $p = 0.000$ und $p = 0.010$ erzielen und damit kleiner als $p<=0.05$ sind. Alle Subfacetten verbleiben im Modell, da sie die Kriterien erfüllen, um nicht ausgeschlossen zu werden.

*Modellzusammenfassung*

| | | | | | Statistikwerte ändern | | | | |
|---|---|---|---|---|---|---|---|---|---|
| Modell | R | R-Quadrat | Korrigiertes R-Quadrat | Standardfehler des Schätzers | Änderung in R-Quadrat | Änderung in F | df1 | df2 | Sig. Änderung in F |
| 1 | .294[a] | .087 | .084 | .57410 | .087 | 30.044 | 1 | 317 | .000 |
| 2 | .349[b] | .122 | .116 | .56390 | .035 | 12.578 | 1 | 316 | .000 |
| 3 | .374[c] | .140 | .132 | .55892 | .018 | 6.648 | 1 | 315 | .010 |

*Anmerkung.* a. Einflussvariablen: (Konstante), PR

b. Einflussvariablen: (Konstante), PR, OE

c. Einflussvariablen: (Konstante), PR, OE, SK

**Tab. 19**: Modellzusammenfassung der schrittweisen Regression der Variablen Offenheit für Erfahrungen und Ambiguitätstoleranz

Tabelle 20 veranschaulicht, dass sich im angenommenen dritten Modell der Einfluss der Subfacetten ändert. Die Regressionskoeffizienten liegen zwischen .165 (OE) und .110 (SK). Demnach hat in diesem Modell die Subfacette OE den höchsten Einfluss.

*Koeffizienten*[a]

| Modell | | Nicht standardisierte Koeffizienten | | Standardisierte Koeffizienten | | | 95,0% Konfidenzintervalle für B | |
|---|---|---|---|---|---|---|---|---|
| | | Regressionskoeffizient B | Std.-Fehler | Beta | T | Sig. | Untergrenze | Obergrenze |
| 1 | (Konstante) | 2.608 | .155 | | 16.863 | .000 | 2.304 | 2.912 |
| | PR | .209 | .038 | .294 | 5.481 | .000 | .134 | .284 |
| 2 | (Konstante) | 2.077 | .213 | | 9.742 | .000 | 1.658 | 2.497 |
| | PR | .160 | .040 | .226 | 4.032 | .000 | .082 | .239 |
| | OE | .175 | .049 | .199 | 3.547 | .000 | .078 | .271 |
| 3 | (Konstante) | 1:935 | .218 | | 8.856 | .000 | 1.505 | 2.364 |
| | PR | .125 | .042 | .176 | 2.990 | .003 | .043 | .207 |
| | OE | .165 | .049 | .188 | 3.374 | .001 | .069 | .261 |
| | SK | .110 | .043 | .145 | 2.578 | .010 | .026 | .194 |

*Anmerkung.* a. Abhängige Variable: Offenheit

**Tab. 20**: Koeffizienten der schrittweisen Regressionsanalyse der Variablen Offenheit für Erfahrungen und der Subfacetten der Ambiguitätstoleranz

Die Nullhypothese wird zugunsten der Alternativhypothese H8 zu einem Signifikanzniveau von 5 % verworfen. Je mehr Facetten der Ambiguitätstoleranz genutzt werden, desto höher ist die Aufklärung der Offenheit für Erfahrungen.

### *4.3.9 HYPOTHESE 9(H9)*

H9: *Je mehr Facetten der Ambiguitätstoleranz genutzt werden, desto höher ist die Aufklärung der Emotionalität.*

Die Korrelationen nach Pearson zeigen in Tabelle 21, dass die Subfacette SK mit einem Wert von -.343 den höchsten Einfluss auf das Persönlichkeitsmerkmal Emotionalität hat. Es folgt PR (-.283) und OE (-.075).

*Korrelationen*

| | | Emotionalität | SK | OE | PR |
|---|---|---|---|---|---|
| Korrelation nach Pearson | Emotionalität | 1.000 | -.343 | -.075 | -.283 |
| | SK | -.343 | 1.000 | .192 | .370 |
| | OE | -.075 | .192 | 1.000 | .342 |
| | PR | -.283 | .370 | .342 | 1.000 |
| Sig. (1-seitig) | Emotionalität | . | .000 | .090 | .000 |
| | SK | .000 | . | .000 | .000 |
| | OE | .090 | .000 | . | .000 |
| | PR | .000 | .000 | .000 | . |
| N | Emotionalität | 319 | 319 | 319 | 319 |
| | SK | 319 | 319 | 319 | 319 |
| | OE | 319 | 319 | 319 | 319 |
| | PR | 319 | 319 | 319 | 319 |

**Tab. 21**: Korrelation nach Pearson für die abhängige Variable Emotionalität

Im Modell verbleiben die Subfacetten SK und PR, wie in Tabelle 22 dargelegt. Das 1. Modell verdeutlicht, dass über 11 % der Emotionalität bereits über die Subfacette SK erklärt werden kann. Die Hinzunahme der Subfacette PR erhöht den Erklärungswert auf 14,1 %.

*Modellzusammenfassung*

| | | | | | Statistikwerte ändern | | | | |
|---|---|---|---|---|---|---|---|---|---|
| Modell | R | R-Quadrat | Korrigiertes R-Quadrat | Standard-fehler des Schätzers | Änderung in R-Quadrat | Änderung in F | df1 | df2 | Sig. Ände-rung in F |
| 1 | .343[a] | .118 | .115 | .47823 | .118 | 42.378 | 1 | 317 | .000 |
| 2 | .382[b] | .146 | .141 | .47127 | .028 | 10.443 | 1 | 316 | .001 |

*Anmerkung*. a. Einflussvariablen: (Konstante), SK

b. Einflussvariablen: (Konstante), SK, PR

**Tab. 22**: Modellzusammenfassung der schrittweisen Regression der Variablen Emotionalität und Ambiguitätstoleranz

Die F-Werte weisen auf einen Einfluss des Modells hin mit F = 42.378 (Modell 1) und F = 10.443 (Modell 2) sind die Werte verschoben von Null.

Die Signifikanz des Einflusses wird durch die Signifikanzwerte interpretierbar. Mit dem Wert p = 0.000 für Modell 1 und p = 0.001 für Modell 2 zeigen beide Modelle, dass die verwendeten Koeffizienten einen signifikanten Einfluss auf die abhängige Variable haben. Mit einem Wert von -.177 verbleibt die Subfacette SK im 2. Modell die unabhängige Variable mit dem höchsten Einfluss. PR hingegen weist einen geringeren Wert von -.109 auf (siehe Tabelle 23).

*Koeffizienten[a]*

| Modell | | Nicht standardisierte Koeffizienten | | Standardisierte Koeffizienten | | | 95.0 % Konfidenzintervalle für B | |
|---|---|---|---|---|---|---|---|---|
| | | Regressions-koeffizientB | Std.-Feh-ler | Beta | T | Sig. | Untergrenze | Obergrenze |
| 1 | (Konstante) | 3.833 | .103 | | 37.275 | .000 | 3.630 | 4.035 |
| | SK | -.220 | .034 | -.343 | -6.510 | .000 | -.286 | -.153 |
| 2 | (Konstante) | 4.139 | .139 | | 29.839 | .000 | 3.866 | 4.412 |

| | | | | | | | |
|---|---|---|---|---|---|---|---|
| SK | -.177 | .036 | -.277 | -4.944 | .000 | -.248 | -.107 |
| PR | -.109 | .034 | -.181 | -3.232 | .001 | -.175 | -.043 |

*Anmerkung.* a. Abhängige Variable: Emotionalität

**Tab. 23**: Koeffizienten der schrittweisen Regressionsanalyse der Variablen Emotionalität und der Subfacetten der Ambiguitätstoleranz

Tabelle 24 erklärt den Ausschluss der dritten unabhängigen Variable OE aus dem Modell. Hier gibt es keinen signifikanten Einfluss der Subfacette auf die abhängige Variable. In beiden Modellen übersteigen die Werte mit p = 0.858 (Modell 1) und p = 0.416 (Modell 2) und das Aufnahmekriterium <= 0.05 deutlich. Die unabhängige Variable OE stellt keinen signifikanten Erkenntniszuwachs dar und kann aus dem Modell gestrichen werden (Urban & Mayerl, 2019).

*Ausgeschlossene Variablen*[a]

| Modell | | Beta In | T | Sig. | Partielle Korrelation | Kollinearitätsstatistik Toleranz |
|---|---|---|---|---|---|---|
| 1 | OE | -.010[b] | -.179 | .858 | -.010 | .963 |
| | PR | -.81[b] | -3.232 | .001 | -.179 | .863 |
| 2 | OE | .045[c] | .815 | .416 | .046 | .878 |

*Anmerkung.* a. Abhängige Variable: Emotionalität

b. Einflussvariablen im Modell: (Konstante), SK

c. Einflussvariablen im Modell: (Konstante), SK, PR

**Tab. 24**: Aufgeschlossene Subfacette PR zur Erklärung der Emotionalität

Die Nullhypothese wird beibehalten. Eine Hinzunahme der unabhängigen Variablen führt nicht unbedingt zu einer höheren Aufklärung des Modells. Die Subfacette PR erhöht zusätzlich zur Subfacette PR die Aufklärung, nicht jedoch die Subfacette OE.

## 4.4 Ex-post-facto Berechnungen

Bisher finden sich in der Literatur lediglich Studien, die den Zusammenhang zwischen den Persönlichkeitsmerkmalen Extraversion, Offenheit für Erfahrungen und Neurotizismus und der Ambiguitätstoleranz untersuchen. Das Persönlichkeitsmerkmal Neurotizismus wird in der vorliegenden Arbeit gleichgesetzt mit dem Persönlichkeitsmerkmal Emotionalität, da es hier viele Überschneidungen in der Operationalisierung der Konstrukte gibt (Westhoff & Liebert, 2014). Der HEXACO-60 schließt weitere drei Persönlichkeitsmerkmale ein, die bisher in Verbindung mit der Ambiguitätstoleranz unerforscht sind. Daher lassen sich für diese Merkmale keine Hypothesen auf Basis des aktuellen Forschungsstandes ableiten. Dennoch erscheint es im Nachgang der Hypothesenprüfung sinnvoll, eine erste einleitende Analyse für die weiteren Facetten durchzuführen, um den Einfluss der Ambiguitätstoleranz auch auf diese Merkmalsausprägungen zu überprüfen.

Das Persönlichkeitsmerkmal Verträglichkeit scheint in einem leicht positiven Zusammenhang mit der Ambiguitätstoleranz zu stehen. Es handelt sich lediglich um eine geringe Steigung. Betrachtet man hierzu das Streudiagramm und die Anpassungslinie in Abbildung 16, ist von keinem signifikanten Zusammenhang auszugehen. Auch wenn das $R^2 = 0.01$ den höchsten Zusammenhang der drei Diagramme darstellt, kann lediglich 1 % des Einflusses erklärt werden.

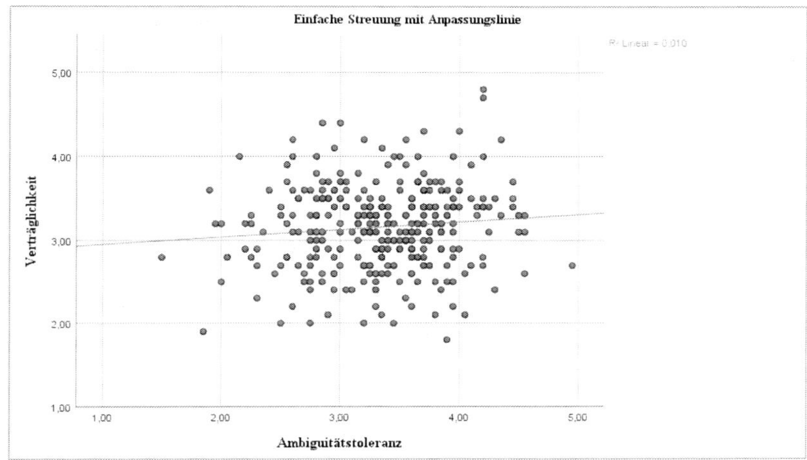


**Abb. 16**: Streudiagramm Verträglichkeit und Ambiguitätstoleranz (eigene Darstellung).

Das dargestellte Streudiagramm (Abbildung 17) verdeutlicht, dass ein kaum vorhandener, leicht positiver Zusammenhang mit einer geringen Steigung zwischen der Ambiguitätstoleranz und dem Persönlichkeitsmerkmal Gewissenhaftigkeit besteht, da die Anpassungslinie leicht steigt. Bei einem $R^2$ = .004 kann jedoch von keinem nennenswerten Einfluss gesprochen werden.

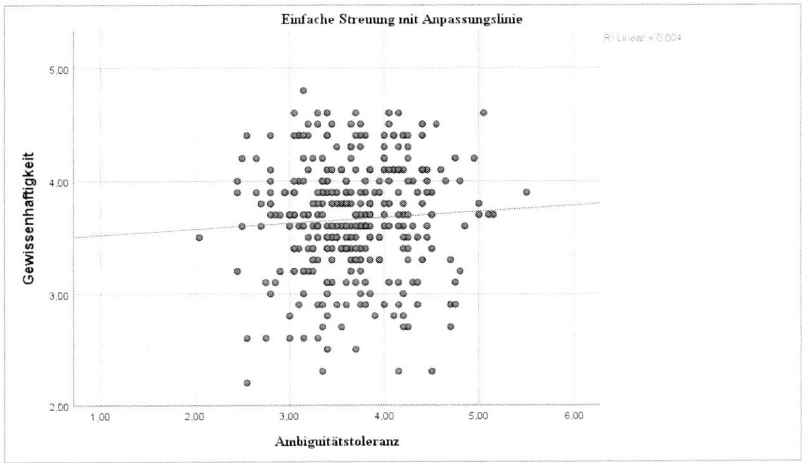


**Abb. 17**: Streudiagramm Gewissenhaftigkeit und Ambiguitätstoleranz (eigene Darstellung).

Mit einem $R^2 = .002$ handelt es sich um einen Zusammenhang zwischen der Ambiguitätstoleranz und dem Persönlichkeitsmerkmal Ehrlichkeit-Bescheidenheit von nahezu Null (vergl. Abbildung 18). Es ist demnach kein Zusammenhang erkennbar.

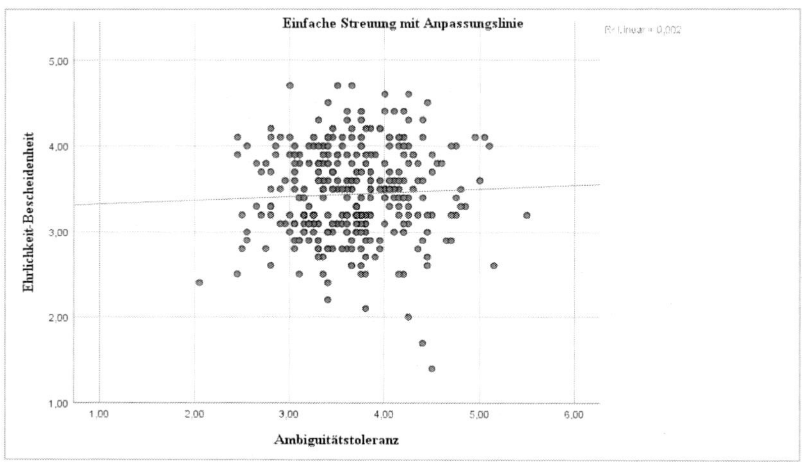


**Abb. 18**: Streudiagramm Ehrlichkeit-Bescheidenheit und Ambiguitätstoleranz (eigene Darstellung).

Die grafische Streuung allein reicht nicht aus, um Verbindungen erklären zu können. Die Ergebnisse können durch die Messinstrumente oder den Einfluss von Drittvariablen entstanden sein (Urban & Mayerl, 2019). Die R-Quadrate zeigen, dass es sich insgesamt um keine nennenswerten Zusammenhänge handeln kann. Die Ambiguitätstoleranz eignet sich demnach nicht als Prädiktor für die Persönlichkeitsmerkmale Verträglichkeit, Gewissenhaftigkeit und Ehrlichkeit-Bescheidenheit. Weitere Forschungen sind an dieser Stelle notwendig, um fundiertere Aussagen treffen zu können.

# 5 INTERPRETATION DER ERGEBNISSE

Mit Blick auf den Forschungstand und die bereits veröffentlichten Studien zeigen sich die vorliegenden Ergebnisse theoriekonform.

Dass es einen Zusammenhang zwischen der Ambiguitätstoleranz und unterschiedlichen Persönlichkeitsmerkmalen gibt, können die ermittelten Ergebnisse untermauern. Die Ergebnisse zeigen darüber hinaus eine Einflussstärke der Ambiguitätstoleranz auf die Persönlichkeitsdimensionen, die in diesem Maß an anderer Stelle noch nicht ermittelt werden konnte. Erwartungskonform zeigen sich ebenfalls die Richtungen der Einflüsse. Wie bereits in anderen Studien dargestellt, gibt es einen positiven Zusammenhang zwischen der Ambiguitätstoleranz und den Persönlichkeitsmerkmalen Extraversion und Offenheit für Erfahrungen und einen negativen Zusammenhang mit dem Persönlichkeitsmerkmal Emotionalität. Fanden sich rund um die Facette Neurotizismus bisher nur wenige leicht signifikante Zusammenhänge mit der Ambiguitätstoleranz, ergab die vorliegende Analyse klar signifikante Ergebnisse des Konstruktes Emotionalität. Das Konstrukt Emotionalität scheint in diesem Kontext sinnvoller operationalisiert.

Insgesamt werden für alle Variablen niedrige R-Quadrate-Koeffizienten berechnet. Niedrige Werte spiegeln in der Regel einen geringen Modellfit wider bzw. sprechen für einen geringen Erklärungsgehalt des Modelles (Stoetzer, 2017). Die ermittelte Signifikanz der Werte lässt jedoch auf eine andere Erklärung schließen. Die Signifikanz zeigt an, dass systematische Effekte vorliegen (Stoetzer, 2017). Das R-Quadrat hängt stark von der zugrundeliegenden Problemstellung ab. Besonders Querschnittsbetrachtungen, die das individuelle Verhalten der Probanden analysieren, zeigen oftmals Werte von $R^2 \leq 0.30$ (Stoetzer, 2017). Die ermittelten Werte sollten demnach nicht unterschätzt werden (Stoetzer, 2017). Betrachtet man darüber hinaus die Effektstärken der Ergebnisse zeigt sich, dass diese zwischen $r = 0.364$ (Offenheit für Erfahrungen) [Tabelle 7], $r = -0.324$ (Emotionalität) [Tabelle 9] und $r = 0.319$ (Extraversion) [Tabelle 5] liegen. Cohen unterscheidet zwischen Werten von $r = 0.10$ (kleiner Effekt), $r = 0.30$ (mittlerer Effekt) und $r = 0.50$ (starker Effekt). Auf Basis dieser Aussage hat die Ambiguitätstoleranz und ihre Unterfacetten in allen drei Fällen einen mittleren Einfluss auf die Persönlichkeitsmerkmale (Urban & Mayerl, 2019).

Allerdings ist zu beachten, dass das R-Quadrat einen umfassenden Wert angibt und keine Aussage zu einzelnen Koeffizienten treffen kann. Das R-Quadrat isoliert reicht nicht aus, um auf die Qualität und die Verlässlichkeit des Modells zu schließen (Stoetzer, 2017). So gibt es weitere Messgrößen, die analysiert und interpretiert werden müssen.

Die Standardfehler der Regression geben Aufschluss über den nicht erklärbaren Anteil bzw. den Fehleranteil der Messung. Diese Werte sollten daher möglichst gering sein. Die Ergebnisse zeigen, dass die Standardfehler für die Regressionskoeffizienten in allen Berechnungen vergleichsweise niedrig sind. Die Aussagekraft der Werte ist jedoch nicht zu überschätzen, da diese abhängig von der Skalierung der Werte ist (Stoetzer, 2017) und der Stichprobenumfang die Werte ebenfalls beeinflusst (Stoetzer, 2017).

Interpretiert werden weiterhin die t- und F-Werte der linearen bzw. multiplen Regressionen. Je größer die Werte sind, desto höher ist die Wahrscheinlichkeit, dass das Modell tatsächlich Einflüsse erfasst, keine zufälligen Zusammenhänge vorliegen und die Nullhypothese zu dem festgelegten Signifikanzniveau demnach abgelehnt werden kann (Stoetzer, 2017). Für den t-Wert gilt die Faustregel $|t| > 2$, um von einem statistisch signifikanten Einfluss ausgehen zu können (Stoetzer, 2017). Alle eingeschlossenen Werte entsprechen diesem Umstand.

Zur Überprüfung, inwieweit die Einflüsse durch eine mögliche Multikollinearität der unabhängigen Variablen beeinflusst werden, werden die Variablen hierauf geprüft. Das Streudiagramm zeigt keine auffälligen Muster (siehe Abbildung 19). Eine Beeinflussung durch Multikollinearität kann daher ausgeschlossen werden. Es handelt sich nachweisbar um separate Einflüsse der unabhängigen Variablen. Gestützt wird diese Interpretation durch die niedrigen Trennschärfekoeffizienten beider Testverfahren, da niedrige Interkorrelation zu einer sinkenden Trennschärfe führen können (Fisseni, 1997).

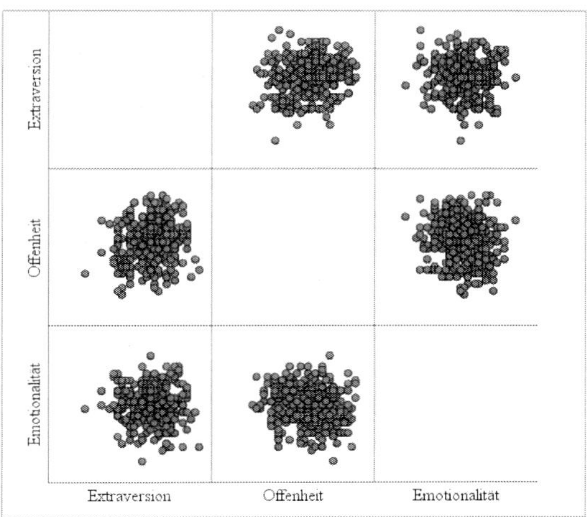


**Abb. 19:** Multikollinearität der unabhängigen Variablen (eigene Darstellung).

Die Ergebnisse der H8 verdeutlichen, dass sich der Einfluss der Subfacetten je nach Modell verändern können. Das Ergebnis der Korrelation zur Prüfung der H8 im ersten Schritt zeigt den größten Zusammenhang zwischen dem Persönlichkeitsmerkmal Offenheit für Erfahrungen und der Subfacette PR. Dies verwundert zunächst. Das Ergebnis des angenommenen dritten Modells nach Durchführung einer schrittweisen Regression bestätigt die Vermutung, dass der stärkste Zusammenhang mit der Subfacette OE auftreten müsste. Es ist davon auszugehen, dass es Überschneidungen zwischen dem Persönlichkeitsmerkmal Offenheit für Erfahrungen und der Subfacette OE gibt. Dennoch zeigt eine Interkorrelation der beiden Facetten - wie in Abbildung 20 dargestellt - weniger starke Zusammenhänge als vermutet.

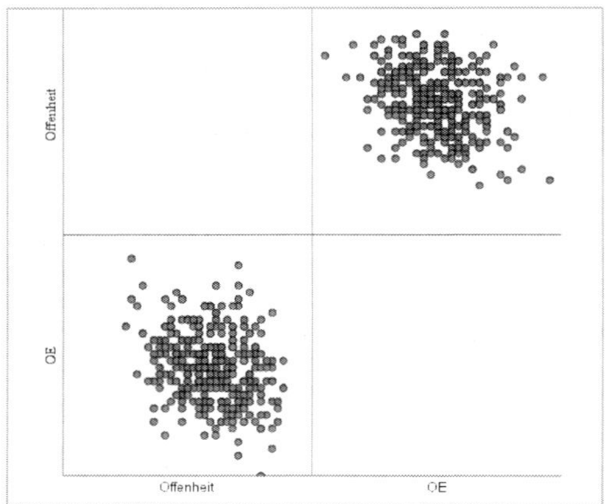


**Abb. 20**: Interkorrelation der Subfacetten OE und Offenheit für Erfahrungen (eigene Darstellung).

Die jeweiligen Konstrukte der Testverfahren sind demnach nur in Teilen gleich operationalisiert worden. Hierbei könnte der Aspekt, dass Reis von einer Offenheit für neue Erfahrungen spricht, wohingegen Ashton & Lee die Offenheit generell auf alle Erfahrungen beziehen, auf einen bedeutsamen Unterschied hinweisen.

Hypothesenkonträr verhalten sich die Ergebnisse der H7 und H9. Nicht alle Subfacetten der Ambiguitätstoleranz haben einen signifikanten Einfluss auf die Persönlichkeitsmerkmale und liefern daher keinen Mehrwert zum Modell. So zeigen die Ergebnisse der H9, dass der Erklärungswert der Emotionalität um fast 3 % gesteigert werden könnte, würde man die Subfacette OE aus dem Fragebogen eliminieren. Gleiches gilt für H7. Hier würde der Erklärungswert der Extraversion ebenfalls um fast 3 % ansteigen.

Die Subfacetten erfüllen nicht die definierten Kriterien, um im Modell zu verbleiben und wurden daher ausgeschlossen. Die Verschlechterung der Modellvorhersage wird hierbei der ausgeschlossenen Variablen zugeschrieben. Dies könnte an der Operationalisierung der Konstrukte liegen. Vergleicht man die Beschreibungen und Subfacetten der Konstrukte in den Manuals, gibt es kaum Überschneidungen zwischen dem Persönlichkeitsmerkmal Extraversion und dessen

Umgang mit unlösbar erscheinenden Problemen. Anders sieht es bei den Persönlichkeitsmerkmalen Offenheit für Erfahrungen und Emotionalität aus. Beide Merkmale beinhalten Subfacetten wie Wissbegierigkeit, Kreativität (Offenheit für Erfahrungen) und Furchtsamkeit, Ängstlichkeit (Emotionalität), die den Umgang mit unlösbaren Problemen begünstigten bzw. entgegenstehen (Schreiber, Mueller, Morell, 2018).

Anders sieht es bei dem Persönlichkeitsmerkmal Emotionalität und der Offenheit für neue Erfahrungen aus. Hier finden sich durchaus Überschneidungen. Möglicherweise ist der Erklärungswert der Subfacetten Umgang mit unlösbar erscheinenden Problemen und Umgang mit sozialen Konflikten bereits so hoch, dass die dritte Subfacette nicht mehr benötigt wird.

Kaum Effekte zeigen die Bestimmtheitsmaße der Ex-post-facto-Untersuchungen. Diese lassen keinen erwähnenswerten Zusammenhang zwischen der Ambiguitätstoleranz und den Persönlichkeitsmerkmalen Verträglichkeit, Gewissenhaftigkeit und Ehrlichkeit-Bescheidenheit erkennen. Mit signifikanten Einflüssen ist nicht zu rechnen. Möglicherweise findet sich aus diesem Grund bislang keine Studie, die sich mit dem Zusammenhang zwischen diesen Merkmalsausprägungen und der Ambiguitätstoleranz beschäftigt.

Viele Studien weisen bereits darauf hin, dass eine Fülle von moderierenden Faktoren einen Einfluss auf den Zusammenhang haben. In der Literatur wurden bisher u. a. Moderatoren wie Geschlecht, Alter und Intelligenz untersucht (Lehmann, R., Allemand, M., Denissen, J. A. & Penke, L. (2012). Offenheit für Erfahrungen korreliert z. B. mit Intelligenz mit einem Wert von $R^2 = .30$ (DeYoung et al., 2014)

Auch die vorliegenden Ergebnisse weisen in diese Richtung. So kann die Ambiguitätstoleranz die Persönlichkeitsfacetten insgesamt nur mit ca. 10 bis 14 % vorhersagen. Weitere Faktoren müssen daher relevant sein, um die Persönlichkeitsfacetten des Menschen zu erklären.

Die Konstanten der Regressionsfunktionen liegen bereits in mittleren bis hohen Wertebereichen zwischen a = 2.550 (Extraversion), a = 2.026 (Offenheit für Erfahrungen) und a = 4.253. Gleichzeitig liegen in allen Fällen relativ geringe positive bzw. negative Steigung vor mit b ~ 0.30 - betrachtet man die zugrundeliegende Bewertungsskala. Dennoch sind alle Ergebnisse statistisch signifikant zu einem Signifikanzniveau von 5 %.

Diese Ergebnisse sind nicht weiter verwunderlich, da die Menschen auch ohne Hinzunahme der Ambiguitätstoleranz bestimmte Persönlichkeitseigenschaften besitzen. Die Arbeitsproduktivität kann jedoch durch den Einfluss der Ambiguitätstoleranz verstärkt oder gemindert werden. Demnach bestätigen die Ergebnisse, die Suche nach weiteren Faktoren, die die Persönlichkeit sowie die Arbeitsproduktivität in neuen Arbeitsformen beeinflussen können.

# 6 DISKUSSION DER HANDLUNGSEMPFEHLUNG

Nachfolgend werden die Forschungsergebnisse diskutiert und in den bereits vorhandenen Forschungsstand eingebettet. Die Methodenauswahl wird kritisch beleuchtet sowie Chancen und Limitationen der Forschungsarbeit zusammengefasst. Es werden Impulse für die praktische Anwendung der Ergebnisse gegeben und Handlungsbedarfe aufgezeigt.

## 6.1 DISKUSSION DER METHODE

Die ausgewählten Messinstrumente wurden bisher in keiner Studie verwendet, die den Einfluss der Ambiguitätstoleranz auf Persönlichkeitsmerkmale testen. Vielfach wurde hier das Big Five Persönlichkeitsinventar eingesetzt, welches über eine hohe Testgüte verfügt (Andresen, 2015). Zur Messung der Ambiguitätstoleranz wurden verschiedene Testverfahren angewendet, die in Teilen mit einer nicht ausreichenden Güte bewertet wurden (Caliguri & Tarique, 2012).

Objektivität, Reliabilität und Validität der eingesetzten Testverfahren wurden mit mindestens ausreichend bewertet, so dass aussagekräftige Ergebnisse erzielt werden konnten.

Die Objektivität des Verfahrens wurde durch den Einsatz eines onlinegestützten Fragebogens mit Einleitungstext und etablierter psychometrischer Skalen gewahrt.

Die Reliabilitätsprüfung ergab für beide Messinstrumente eine gute bzw. ausreichende Messgenauigkeit. Insgesamt fallen die errechneten Cronbachs Alpha-Werte geringer aus als in den jeweiligen Testmanuals angegeben.

Die Trennschärfenanalyse der Items - wie in Tabelle 25 dargestellt - zeigt, dass drei der 20 Items des gekürzten IMA eine zu geringe Trennschärfe unter einem Trennschärfekoeffizienten von $r_{it}$ = .30 aufweisen, wobei alle drei Items zur Subfacette OE zählen. Eine Streichung der drei Items ist jedoch kritisch zu hinterfragen, da in diesem Fall lediglich 7 Items der Subfacette übrigbleiben würden.

*Item-Skala-Statistiken*

| | Skalenmittelwert, wenn Item weggelassen | Skalenvarianz, wenn Item weggelassen | Korrigierte Item-Skala-Korrelation | Cronbachs Alpha, wenn Item weggelassen |
|---|---|---|---|---|
| OE | 62.80 | 117.727 | .328 | .804 |
| PR | 64.03 | 118.096 | .347 | .803 |
| OE | 63.29 | 121.173 | .199 | .811 |
| PR | 63.84 | 113.344 | .494 | .794 |
| OE | 64.68 | 118.987 | .292 | .806 |
| PR | 63.59 | 115.079 | .384 | .801 |
| SK | 62.42 | 114.351 | .478 | .796 |
| OE | 62.55 | 114.569 | .449 | .797 |
| SK | 62.71 | 118.390 | .306 | .805 |
| OE | 64.40 | 117.254 | .310 | .805 |
| SK | 62.58 | 111.445 | .553 | .791 |
| OE | 63.82 | 117.554 | .380 | .801 |
| PR | 63.58 | 112.244 | .560 | .791 |
| SK | 62.23 | 118.735 | .344 | .803 |
| SK | 62.95 | 116.698 | .342 | .803 |
| PR | 63.51 | 111.137 | .568 | .790 |
| SK | 63.54 | 118.268 | .336 | .803 |
| OE | 64.38 | 118.331 | .308 | .805 |
| PR | 64.08 | 118.195 | .367 | .802 |
| OE | 64.21 | 123.334 | .150 | .812 |

**Tab. 25**: Trennschärfenberechnung des gekürzten IMA

Die erforderliche Trennschärfe des HEXACO konnte ebenfalls nur für wenige Items erreicht werden. Negative Trennschärfenkoeffizienten können darauf hindeuten, dass das Item ggf. falsch verstanden wird oder eine Umpolung stattgefunden hat (Fisseni, 1997). Die Ergebnisse machen eine Item-Prüfung des HEXACO dringend erforderlich. Weiterhin sollte auf die umfangreichere Version des HEXACO-200 zurückgegriffen werden, um die Ergebnisse hieran zu überprüfen. Im Zweifelsfall sollte zukünftig ein Testverfahren mit trennschärferen Items genutzt werden. Beide Testinstrumente wurden mit einer ausreichenden Validität in den jeweiligen Manuals bewertet.

Bei dem eingesetzten Fragebogen handelt es sich um einen ad-hoc-Fragebogen. Die Skalen wurden bisher in keiner Befragung zusammengefasst und angewendet. Der Fragebogen ist in dieser Form nicht testtheoretisch abgesichert. Dies könnte zu Lasten der Validität gehen und sollte zunächst überprüft werden, bevor weitere Untersuchungen mit diesem Messinstrument durchgeführt werden.

Für den HEXACO-PI-R ist bisher kein gebundenes Handout am Markt erhältlich. Daher wurde auf das 2018 erstellte Manual der Züricher Hochschule für angewandte Wissenschaften zurückgegriffen. Da die Autoren keine Validierungsstudien für die Langversion mit 200 Items des HEXACO-PI-R veröffentlichten, beziehen sich die Ergebnisse auf die Kurzfassung mit 100 Items (Schreiber, 2018). Für den HEXACO-60 liegen keine gesonderten Berechnungen vor. Die Validierung erfolgte anhand zweier Stichproben. Eine Online-Stichprobe von 100´318 Probanden (48,4 % Frauen, 50,2 % Männer, 1,4 % ohne Angaben) mit einem Durchschnittsalter von 37,1 Jahren (SD = 14.1). Neben der Selbstbeschreibung füllten 2868 Studierende mit einem Durchschnittsalter von 20,9 Jahren in einer zweiten Studie zusätzlich den Fremdbeschreibungsfragebogen aus (Schreiber et al., 2018). Die Erhebungen erfolgten über die Plattform Laufbahndiagnostik und wurde zwischen 2013 bis 2017 durchgeführt (Schreiber et al., 2018). Zu beachten ist weiterhin, dass die Probanden der Normstichproben lediglich mit einem geringen Anteil von 4,4 % aus Deutschland stammen und somit eine Vergleichbarkeit für die vorliegende deutsche Stichprobe erschwert.

Der IMA-40 verfügt über geschlechterspezifische und altersspezifische Normwerttabellen. Insgesamt wurden 2004 Probanden (1113 weibliche und 891 männliche Probanden) zwischen 12 und 84 Jahren in sechs Teilstichproben befragt

(Reis, 1996). Kritisch ist anzumerken, dass die Normstichprobe bisher kaum definiert wurde und daher die Repräsentativität in Frage gestellt werden muss (Reis, 1996). So zeigte sich z. B. an früheren Untersuchungen, dass ambiguitätstolerante Personen deutlich häufiger an Experimenten teilnehmen, also Probanden, die eine geringe Ambiguitätstoleranz aufweisen (Norton, 1975). Dieser Aspekt findet in den Forschungsergebnissen von Reis keine Berücksichtigung.

Für beide Testinstrumente findet sich kaum veröffentlichte Literatur empirischer Befunde und Rezensionen anderer Forscher. Hier herrscht Handlungsbedarf, um die Testverfahren fest in Forschungsdesigns zu etablieren und den Abgleich mit anderen Modellen zu ermöglichen.

Die vorliegende Untersuchung wurde auf Basis eines Fragebogens zur Selbsteinschätzung durchgeführt. Dies beinhaltet immer eine Selbstsicht, die im Fremdbildabgleich ggf. ein anderes Ergebnis zeigen würde. Generell ist zu berücksichtigen, dass Selbstbeurteilungsbögen den Faktor des sozial erwünschten Antwortverhaltens begünstigen. Die eigene Einschätzung wird beeinflusst von der Vorstellung des vermeintlich korrekten Gesellschaftsverhaltens (Renner, Heydasch & Ströhlein, 2012). Auch wenn bewusst darauf hingewiesen wurde, dass es keine falschen und richtigen Antworten gibt, besteht die Möglichkeit, dass Probanden sozial erwünscht geantwortet haben. Dieses Antwortverhalten kann die Messergebnisse verfälscht haben. Mit dem vorliegenden zweistufigen Antwortformat wird versucht, sozial erwünschtes Antwortverhalten zu vermeiden. Andererseits zeigen Erfahrungsberichte, dass sich Probanden durch das Format in der Persönlichkeitsbeschreibung wenig getroffen fühlen. Auch dieser Effekt kann die Ergebnisse verzerren (Hossip & Mühlhaus, 2015). Weiterhin kann das Antwortformat des HEXACO eine Tendenz zur Mitte erzeugt haben. Durch die fünfstufige Likert-Skala mit der Optionenauswahl „neutral", konnten sich die Probanden einer eindeutigen positiven oder negativen Bewertung der Items entziehen. Auch dies kann einen Einfluss auf die Ergebnisse gehabt haben. Generell gilt: Je mehr Antwortmöglichkeiten die Probanden haben, umso treffender ist die Beantwortung möglich (Hossip & Mühlhaus, 2015). Diesem Umstand wird in beiden Testverfahren Sorge getragen.

Weiterhin konnte das Versuchssetting der Probanden nicht überprüft werden. Durch das onlinegestützte Befragungsdesign kann nicht nachvollzogen werden, wie konzentriert die Probanden den Fragebogen ausgefüllt haben, ob die Bearbeitung allein erfolgte und ob „aus dem Bauch heraus“ oder nach längerer Überlegung geantwortet wurde. Auch die aktuelle Stimmungslage spielt für die Beantwortung der Fragen eine Rolle. Diese Verzerrungen sind bei der Interpretation der Ergebnisse ebenfalls zu berücksichtigen.

Bereits im Pretest wiesen die Probanden darauf hin, dass sie einige Items irritiert hätten und merkten die augenscheinliche Redundanz der Fragestellungen an. Als Konsequenz wurden zwei der drei Subfacetten des IMA-40 gestrichen, u. a., um einen frühzeitigen Abbruch der Befragung zu verhindern und sozial erwünschtem Antwortverhalten entgegen zu wirken. Dennoch verblieben Items im Fragebogen, die sich inhaltlich ähnlich waren. Einem unaufmerksamen Leser sind feine Unterschiede ggf. nicht aufgefallen, so dass dies Auswirkungen auf sein Antwortverhalten gehabt haben könnte. Gleiches gilt für eine hohe Anzahl an invertierten Items. Auch hier ist eine hohe Konzentration der Probanden Grundvoraussetzung. Weiterhin ist zu beachten, dass die Probanden diese Konzentration über 15 bis 20 Minuten aufrecht halten mussten, da es sich um einen vergleichsweise aufwendigen Fragebogen handelt. Diesem Aspekt wurde versucht Sorge zu tragen, in dem die kürzeste Version des HEXACO verwendet wurde und der IMA-40 auf 20 Items reduziert wurde. Im Falle des HEXACO ging dies zu Lasten der Güte des Testverfahrens wohingegen die Güte des IMA-40 gesteigert werden konnte.

Das Gewinnspiel, welches sich an die Umfrage anschloss, wurde bewusst genutzt, um Probanden für eine Teilnahme an der Befragung zu begeistern. Hierbei kann von einer gezielten Manipulation gesprochen werden. Für einen ethisch vertretbaren Rahmen sorgte - neben der Freiwilligkeit - die Gewinnsumme von maximal 20 Euro in Form zweier Amazon-Gutschein für zwei Gewinner. Insgesamt nahmen 227 der 319 Probanden an dem Gewinnspiel teil. Dies legt die Vermutung nahe, dass Probanden u. a. aufgrund der Gewinnchance an der Befragung teilgenommen haben. Die Manipulation kann somit als erfolgreich bewertet werden und zeigt erwartungskonforme Ergebnisse. Da ein hoher Stichprobenumfang benötigt wurde, um aussagekräftige Ergebnisse zu erhalten, wurde eine geringe Manipulation der Probanden akzeptiert.

Durch die Aufnahme der demografischen Daten im Fragebogendesign konnten erste Aussagen über die Verteilung und Häufigkeiten der Stichprobe getroffen werden. Bereits der Pretest stellte dar, dass die Beantwortung der demografischen Daten in Teilen nicht selbsterklärend erfolgen konnte. So war einigen Probanden unklar, ob sich die Dauer der Betriebszugehörigkeit auf die aktuelle Arbeitsstelle bezieht. Ebenso fehlte einigen Probanden bei der Auswahl des höchsten Bildungsabschlusses die Auswahlmöglichkeit „Staatsexamen", was das vergleichsweise hohe Ergebnis bei „Sonstiges" in der Auswahl der Bildungsabschlüsse erklären kann.

Zuletzt sei anzumerken, dass die unterschiedliche Gewichtung der Ausprägung der Skalen der Messinstrumente die Analyse der Ergebnisse erschwerte und einen Zusatzschritt erforderlich machte. Zunächst musste die Gewichtung der Ausprägung der Items des IMA-40 unter Berücksichtigung der intervierten Items umgepolt werden, so dass sinnvolle Zusammenhänge zwischen dem IMA-40 und dem HEXACO hergestellt werden konnten. Dies war besonders für die Interpretation der grafischen Darstellung der Zusammenhänge unerlässlich. Dieser Schritt könnte bei zukünftigen Forschungen durch die Auswahl eines anderen Ambiguitätstest mit vergleichbarer Güte und einer entsprechenden Gewichtung und Ausprägung wie der im HEXACO verwendeten Skalierung überflüssig werden, so dass eine mögliche Fehlerquelle eliminiert und Zeit gespart werden könnte.

## 6.2 Diskussion der Ergebnisse

In den vorangegangenen Kapiteln wurden bereits die Hypothesen geprüft und interpretiert. Sieben von neun Hypothesen konnten beibehalten werden. Dieses Ergebnis ist wenig verwunderlich. Aus den eigenen sozialen und kulturellen Erfahrungswerten heraus lässt sich vermuten, dass extrovertierte und offene Menschen über eine hohe Ambiguitätstoleranz verfügen. Betrachtet man die Subfacetten der Persönlichkeitsfacetten, wie sie Ashton & Lee definiert haben, zeigen sich Merkmale, die eine Ambiguitätstoleranz begünstigen können. Hierzu zählen z. B. soziales Selbstvertrauen und soziale Kühnheit (Facette Extraversion) sowie Wissbegierigkeit und Unkonventionalität (Facette Offenheit für Erfahrungen). Ebenso zeigen sich bei dem Persönlichkeitsmerkmal Emotionalität Subfacetten, die Ambiguitätsintoleranz charakterisieren (z. B. Ängstlichkeit, Furchtsamkeit und Abhängigkeit) [Schreiber, Mueller & Morell, 2018]. Darüber hinaus zeigen vorangegangene Studien ähnliche Ergebnisse und bestätigen die Annahmen empirisch. So besteht Eindeutigkeit darin, dass Menschen eine unterschiedlich hohe Ambiguitätstoleranz besitzen (Budner, 1962; McLain, 2009). Einige Studien untersuchen das Empfinden der Probanden in unsicheren und mehrdeutigen Situationen und stellen die Vorteile dar, die eine hohe Ambiguitätstoleranz mit sich bringt (Bardi et al., 2009). In der Literatur konnten wenige Studien ermittelt werden, die Persönlichkeitsmerkmale mit der Ambiguitätstoleranz in Verbindung bringen. Durch eine Netzwerkanalyse konnten Jach & Smillie 2019 Verbindungen zwischen einzelnen Persönlichkeitsmerkmalen und der Ambiguitätstoleranz nachweisen. Calgium & Tarique konnten 2012 Korrelationen zwischen den Persönlichkeitsmerkmalen Extraversion, Neurotizismus und Offenheit für Erfahrungen und der Ambiguitätstoleranz feststellen. Hiervon konnten jedoch keine Kausalitäten abgeleitet werden. Weiterhin fanden sich keine signifikanten Korrelationen für das Persönlichkeitsmerkmal Neurotizismus (Calgium & Tarique, 2012). Ähnliche kaum signifikante Korrelationen der Persönlichkeitsmerkmale fanden 2016 Lauriola et al. Lediglich eine signifikante Korrelation konnte zwischen dem Persönlichkeitsmerkmal Neurotizismus und Unbehagen gegenüber Ambiguität ermittelt werden (Lauriola et al., 2016). Jach & Smillie führten 2019 erste Regressionsanalysen durch, um den Einfluss der Persönlichkeit auf die Ambiguitätstoleranz zu bestimmen. Demnach haben die Persönlichkeitsmerkmale Extraversion und Offenheit für Erfahrungen einen positiven Einfluss auf die Ambiguitätstoleranz. Eine neurotizistische Persönlichkeit hingegen beeinflusst die Ambiguitätstoleranz negativ.

Die Stärke des Einflusses der unterschiedlichen Subfacetten der Ambiguitätstoleranz auf die Persönlichkeit bleibt in der Forschung bisher unberücksichtigt. Ebenso finden sich keine Studien, die weitere Persönlichkeitsmerkmale neben Extraversion, Offenheit für Erfahrungen und Neurotizismus beleuchten. Auch finden sich keine Studien, die das Konstrukt der Ambiguitätstoleranz/-intoleranz stellvertretend für die Arbeitsproduktivität in neuen Arbeitsformen beleuchten. Vielmehr beziehen sich Studien zur Ambiguitätstoleranz auf gegenwärtige und nicht zukünftige Arbeitsformen.

Zieht man die vorliegenden Forschungsergebnisse sowie Erkenntnisse weiterer Studien zu einer Schlussfolgerung zusammen, ist davon auszugehen, dass Ambiguitätstoleranz und Persönlichkeitsmerkmale in einem Zusammenhang stehen. Extrovertierte Menschen und Menschen, die offen sind für Erfahrungen, scheinen über eine höhere Ambiguitätstoleranz zu verfügen. Hingegen sinkt die Ambiguitätstoleranz bei Menschen mit einer hohen Emotionalität. Daraus lässt sich ableiten, dass Menschen mit hohen Werten in der Extraversion und Offenheit für Erfahrungen ihre Arbeitsproduktivität in neuen Arbeitsformen halten können, da es ihnen leichter fällt, mit Ambiguität umzugehen. Darüber hinaus zeigen Studien, dass sie solche Situationen glücklicher machen (Bardi et al., 2009), sie motivierter Neues erlernen (Tapanes, Smith & White, 2009) und sich leichter in interkulturelle Projekte einbringen können (Caligiuri & Tarique, 2012). Es liegt die Vermutung daher nahe, dass Menschen mit einer solchen Persönlichkeit ihre Arbeitsproduktivität in neuen Arbeitsformen noch steigern können.

Eine Generalisierung der Ergebnisse könnte u. a. auch durch die Stichprobe selbst in Frage gestellt werden. Die Stichprobe wurde auf Basis der sozialen Netzwerke xing.de, facebook.de und linkedIn.de des Forschenden sowie beruflicher Verteilersystem und der Studentenplattform der FOM generiert. Von einer Zufallsstichprobe kann daher nicht gesprochen werden. Diese Auswahl spiegelt sich auch in der Altersstruktur der Stichprobe sowie der Anzahl der Probanden mit einem Studienabschluss wider. Dies könnte zu verzerrten und inkonsistenten Schätzungen der Koeffizienten geführt haben und einen Rückschluss auf die anvisierte Population beeinträchtigen (Stoetzer, 2017). Aus forschungsökonomischen Gründen wurde es bei den N = 319 Probanden belassen, auch wenn somit die berechnete optimale Stichprobengröße von 385 nicht erreicht wurde. Die Hypothesen sollten daher erneut durch eine größere und zufällige Stichprobe getestet werden, um sie auf die Grundgesamtheit übertragen zu können.

## 6.3 Chancen und Limitationen

Den Forschungsergebnissen liegt die Frage zugrunde, inwieweit Persönlichkeitsmerkmale die Arbeitsproduktivität in neuen Arbeitsformen beeinflussen können. Stellvertretend für verschiedene Kriterien von New Work basiert die vorliegende Forschungsarbeit auf dem Kriterium der Ambiguitätstoleranz. Zur Untersuchung der Forschungsfrage wurden unterschiedliche Hypothesen aufgestellt und diese analysiert und interpretiert.

Wenige Studien haben sich bisher mit der beforschten Thematik beschäftigt. Ebenso verwenden die meisten Forscher den Big Five zur Messung der Persönlichkeit. Die vorliegende Arbeit nutzt bewusst andere Messinstrumente. Der vermehrte Einsatz des Big Five hat zur Folge, dass zumeist das Konstrukt Neurotizismus analysiert wurde. In der vorliegenden Studie wird das Konstrukt mit dem Konstrukt Emotionalität gleichgesetzt.

Weiterhin wurden die Subfacetten der Messinstrumente näher betrachtet. Die Studie geht damit weiter in der Analyse als die bereits veröffentlichten Studien zu dieser Thematik. Es konnte ermittelt werden, dass nicht alle Subfacetten einen gleich großen Einfluss auf die abhängige Variable haben. Teilweise haben Subfacetten gar keinen Mehrwert und können daher gestrichen werden. Die Möglichkeit, Items zu streichen, ist in der Fragebogenkonstruktion essentiell, da die Abbruchquote eng mit der Fragebogenlänge verknüpft ist (Döring & Bortz, 2016). Die Ergebnisse legen nahe, die verwendeten Messinstrumente anzupassen, Items mit geringer Trennschärfe und Subfacetten ohne signifikanten Einfluss zu streichen. Als Ergebnis könnte eine Testbatterie entstehen, die die Arbeitsproduktivität in neuen Arbeitsformen anhand der Persönlichkeitsmerkmale darstellen kann und ihren Einsatz in der Personalauswahl und Personalentwicklung finden könnte.

Die eingesetzten Analyseverfahren überzeugen durch einen logischen Aufbau und liefern Schritt für Schritt einen Mehrwert über den Zusammenhang zwischen den Variablen. Die Voraussetzungen zur Durchführung von Regressionsberechnungen wurden geprüft und bestätigt. Allerdings ist zu beachten, dass es sich bei dem Antwortformat streng genommen um ein ordinalskaliertes Skalenniveau handelt. Dennoch ist es in der Praxis eine gängige Methode, ab 5-stufigen-Likertskalen eine Intervallskalierung anzunehmen (Döring & Bortz, 2016).

Der Einsatz der schrittweisen Regression wird in der Literatur konträr diskutiert. Zwar kann die Analyse einen Mehrwert liefern, in dem der Einfluss einzelner unabhängiger Variablen auf die abhängige Variable deutlich wird und eine Rangreihe gebildet werden kann, dennoch besteht die Gefahr, dass einflussreiche Variablen eliminiert werden. Aufgrund des Risikos von Fehleinschätzungen wird oftmals von der Anwendung abgeraten (Urban &Mayerl, 2019). Eine schrittweise Regression wurde bisher weder zu dieser Thematik noch mit dem IMA-40 durchgeführt. Dies erschwert die Interpretation der Ergebnisse, da Vergleichswerte fehlen, um Fehlinterpretationen zu vermeiden, die zu Streichung von Subfacetten führen, die jedoch hohe Vorhersagekraft besitzen könnten (Stoetzer, 2017).

Der Einsatz von Regressionsanalysen bietet eine gute Grundlage, um die Konstrukte berechnen zu können. Dennoch ist anzumerken, dass Konstrukte und nicht die Wirklichkeit abgebildet werden. Strenggenommen kann es keinen Kausalzusammenhang zwischen der Persönlichkeit und der Ambiguitätstoleranz geben, da die Ambiguitätstoleranz einen Teil der Persönlichkeit abbildet. In der vorliegenden Forschung wird die Ambiguitätstoleranz jedoch weniger als Persönlichkeitsmerkmal, sondern als ein Kriterium neuer Arbeitsformen definiert, auf die die Persönlichkeit einen Einfluss hat.

Die Ergebnisse haben einen aktuellen Bezug zu gesellschaftskritischen Themen, die u. a. die derzeitige und zukünftige Arbeitsplatzgestaltung beleuchten.

Die ermittelten Studienergebnisse stellen Herausforderungen dar, mit der sich Arbeitnehmer ebenso wie Institutionen, die Wirtschaft und Politik zukünftig beschäftigen müssen. Deutlich wird der signifikante Einfluss der Persönlichkeit auf die Arbeitsproduktivität. Extrovertierte und offene Menschen werden in neuen Arbeitsformen ihre Stärken in Situationen nutzen können, die Unsicherheit und Mehrdeutigkeit beinhalten. Da mit einer Zunahme solcher Situationen zu rechnen ist, werden sie belastbarer sein, weniger stressempfindlich und ihre Arbeitsproduktivität mindestens halten können. Menschen hingegen, die emotionale bzw. neurotizistische Wesenszüge zeigen, werden in neuen Arbeitsformen leichter Stress erleben und ein Gefühl der Überforderung empfinden, die ggf. gesundheitliche Folgen haben können. Eine intensive Begleitung dieser Arbeitnehmer sowie die Befähigung mit solchen Situationen umzugehen, ohne die Arbeitsproduktivität zu verringern, wird eine große Aufgabe der Personalentwicklung werden.

Menschen, die kaum Ausprägungen in einer dieser Wesenszüge haben, bleiben in der vorliegenden Studie zunächst unberücksichtigt. Ex-post-facto-Untersuchungen legen die Vermutung nahe, dass die Arbeitsproduktivität gewissenhafter, ehrlich-bescheidener oder verträglicher Arbeitnehmer nicht anhand der Ambiguitätstoleranz gemessen werden kann. Hier müssen weitere Kriterien ermittelt werden, die die Arbeitsproduktivität zukünftig beeinflussen werden. Ausgehend vom VUKA-Modell könnte das z. B. den Umgang mit komplexen Situationen betreffen. Die vorliegende Arbeit beschränkt sich zunächst auf die Ambiguität und schließt in Teilen die Unsicherheit mit ein, da Studien hohe Interkorrelationen zwischen den Konstrukten feststellen konnten (Lauriola et al., 2016). Welchen Einfluss Komplexität und Volatilität auf die Persönlichkeit haben könnten, bleibt unerforscht. Es konnte lediglich eine Studie ermittelt werden, die erste positive Zusammenhänge zwischen dem Umgang mit Komplexität und dem Persönlichkeitsmerkmal Offenheit für Erfahrungen feststellen konnte (Lauriola et al., 2016). Weitere Studien sollten auf dieser Grundlage aufbauen.

Durch eine vergleichsweise große Stichprobe von 319 Probanden konnten aussagekräftige Ergebnisse gewonnen werden (Döring & Bortz, 2016). Dennoch konnte der errechnete Stichprobenumfang von 385 Probanden nicht erreicht werden. Die Studienergebnisse sollten durch eine größere Stichprobe nochmals überprüft werden. Ebenfalls handelt es sich um keine Zufallsstichprobe. Der Forscher bediente sich seiner privaten und beruflichen Netzwerke und verzerrte somit die Stichprobe. Keines der demografischen Merkmale ist normalverteilt. Diesem Umstand sollte in zukünftigen Studien Beachtung geschenkt werden.

Nicht weiter erforscht werden konnte die Verteilung der Persönlichkeitsfacetten innerhalb der Stichprobe. Hypothetisch könnten besonders viele extrovertierte und offene Menschen in der Stichprobe vertreten sein, da diese durch Anreizsysteme wie ein Gewinnspiel motiviert werden, an Umfragen teilzunehmen (DeYoung bereits 2013) bzw. Befragungen generell offener gegenüberstehen (Norton, 1975). Daher sollte bei einem ähnlichen Forschungsdesign zukünftig auf Anreizsysteme verzichtet werden. Auch Reis wies bereits auf den Umstand hin, dass extrovertierte und offene Menschen generell eine höhere Bereitschaft zeigen, an Umfragen teilzunehmen (Reis, 1996).

Neben einer größeren normalverteilten Zufallsstichprobe sollte die Gesamtskala des HEXACO verwendet werden, um eine höhere interne Konsistenz zu erzielen. Von der Verwendung der gesamten IMA-40 Skala wird jedoch abgeraten, da dies zu Lasten der internen Konsistenz gehen würde. Zur Überprüfung der Konzentration wäre es angebracht, eine Lügenskala in die Skala aufzunehmen, um ggf. Fragebogen aus der Bewertung ausschließen zu können. So können bewusste sowie unbeabsichtigte Verfälschungen kontrolliert werden (Hossip & Mühlhaus, 2015).

Da Persönlichkeitsmerkmale zwischen Fremd- und Selbstbild variieren können (Simon, 2010), wäre der Einsatz von Fremdbewertungen (z. B. für den HEXACO im Internet frei zugänglich) sicherlich vorteilhaft. Darüber hinaus gibt es derzeit nur zwei veröffentlichte Studien zu experimentellen Untersuchungsdesigns, die die Ambiguitätstoleranz in den Fokus der Untersuchung nehmen. Hier herrscht sicherlich weiterer Forschungsbedarf (Furnham & Marks, 2013).

Die Studie beschäftigt sich mit Phänomenen, die in der Zukunft liegen. Deren tatsächlichen Eintritt heute zu überprüfen, ist nahezu unmöglich. Dennoch gibt es Unternehmen, die bereits heute nach den New Work-Kriterien arbeiten. Hier würden qualitative und quantitative Befragungen helfen zu ermitteln, inwieweit das Kriterium der Ambiguitätstoleranz tatsächlich eine Rolle spielt und welche weiteren Kriterien die Arbeitsproduktivität fördern und hemmen.

Grundlage der Forschungsarbeit bilden im Schwerpunkt die Studienergebnisse von Jach & Smillie (2019). Die Stichprobenumfänge beider Studien sind mit N > 300 vergleichbar. Beide Forschungsdesigns beinhalten eine kleine Belohnung für die Teilnahme an der Umfrage. Die Forschungen unterscheiden sich hinsichtlich der Stichprobe. Unterschieden wird zwischen deutschen und amerikanischen Probanden. Jach & Smillie nutzten Amazon Mechanical Turk zur Rekrutierung unbekannter Probanden. Der vorliegenden Arbeit liegen die beruflichen und privaten Netzwerke des Forschenden zugrunde. Ein Vergleich der Ergebnisse wird auch durch die Methodenauswahl und Analyseverfahren erschwert, die sich nur in Teilen überschneiden. Weiterer Studien mit einer größeren deutschen Zufallsstichprobe sowie der Einsatz vergleichbarer Mess- und Analyseinstrumente wird empfohlen.

Die demografischen Daten wurden der Vollständigkeit halber in der Untersuchung mit erhoben. Für die weitere Analyse blieben sie jedoch weitestgehend unberücksichtigt, da sie für den Forschungsschwerpunkt keine Rolle spielen. Weitere Forscher sollten auf den Erkenntnissen aufbauen und mögliche Moderatoreffekte, z. B. der demografischen Daten analysieren. Für das Persönlichkeitsmerkmal Offenheit für Erfahrungen konnte in ersten Studien Intelligenz als Moderator identifiziert werden (Condon & Revelle, 2014). Auch hier sind weitere Forschungen notwendig.

Die vorliegenden Ergebnisse zeigen, dass rund 10 % bis 14 % der Persönlichkeitsmerkmale über die Ambiguitätstoleranz der Probanden erklärt werden konnten. Demnach müssen 86 % bis 90 % durch weitere Faktoren erklärt werden. Metaanalysen der letzten Jahre zeigen, dass demografische Daten einen signifikanten Einfluss auf die Ergebnisse von Persönlichkeitstests haben. Studien von Lehmann et al., 2012, beziehen sich auf die Big Five und weisen signifikante Geschlechterunterschiede in den Dimensionen Gewissenhaftigkeit, Neurotizismus, Extraversion sowie Verträglichkeit auf. In allen Dimensionen zeigen Frauen höhere Ausprägungen (Lehmann et al., 2012). Auch Schienle et al. (2010) konzentrieren sich in ihren Korrelationsberechnungen zwischen der Unsicherheitstoleranz und der Amygdala-Aktivität bewusst auf Frauen, da Buhr & Dugas bereits 2002 signifikante Geschlechtsunterschiede im Unsicherheitserleben darstellen konnten (Schienle et al., 2010). Altersvergleiche zeigen ebenfalls signifikante Unterschiede (Lüdtke, Trautwein, & Husemann, 2009). In der Dimension Offenheit zeigen sich hier die stärksten Effekte, wobei ein signifikanter Zusammenhang zwischen dem Alter und der Offenheit für neuen Erfahrungen besteht (Lehmann et al., 2012).

Darüber hinaus können – unabhängig von dem Persönlichkeitsmerkmal der Probanden - Berufserfahrung und Betriebszugehörigkeit signifikanten Einfluss auf die Arbeitsproduktivität in neuen Arbeitsformen haben. Der Proband fühlt sich demnach ggf. sicher in unbekannten Situationen aufgrund seiner jahrelangen Berufserfahrung und nicht seiner extrovertierten Persönlichkeit. In der Literatur konnten keine Studien gefunden werden, die diese Aspekte bereits beleuchtet haben.

Dennoch können die gewonnenen Forschungserkenntnisse erste Praxisimpulse für die zukünftige Personalauswahl und Personalentwicklung liefern. Der Einsatz von Persönlichkeitstests in Personalauswahlverfahren könnte frühzeitig einen Aufschluss darüber geben, wie leicht es dem Bewerber fallen wird, sich auf unsichere Situationen einzustellen und wie hoch demnach seine Arbeitsproduktivität sein könnte. Die Studienergebnisse stellen dar, welche Subfacetten der eingesetzten Testverfahren sinnvoll und welche überflüssig sind. Diese Erkenntnisse können als Grundlage für die Entwicklung neuer Testinstrumente genutzt werden.

Menschen mit einer hohen Emotionalität benötigen eine individuelle Laufbahnförderung und könnten in der zukünftigen Personalentwicklung auf den Umgang mit unsicheren Situationen vorbereitet werden. Die Studienergebnisse stellen dar, dass emotionale Menschen unsichere Situationen als aversiv und bedrohlich erleben (Hirsh, Mar & Peterson, 2012) und somit schneller in Stress geraten (Greco & Roger, 2001). Diese Mitarbeiter benötigen mehr Unterstützung als ihre Kollegen, die solche Situationen automatisch als positive Herausforderung erleben. Demnach wird die Ambiguitätstoleranz zukünftig einen Einfluss auf die Gesunderhaltung der Mitarbeiter haben. Unsichere und ambigue Situationen können nicht verhindert werden; demnach muss das individuelle Stresserleben der Mitarbeiter verringert werden. Auch dies wird Teil der Personalentwicklung werden. Maßnahmen könnten z. B. individuelle Mitarbeiter-Coachings oder Mentorenprogramme darstellen. In Zeiten von neuen Arbeitsformen könnte hier die horizontale Unterstützung durch Kollegen eine entscheidende Rolle spielen. Mentoren werden ggf. nicht mehr auf Basis ihrer Berufserfahrung ausgewählt; entscheidend wären dann ihre Persönlichkeit und die Leichtigkeit, mit der auf unsichere und mehrdeutige Situationen reagiert wird.

Gleiches gilt für die Entwicklung und Auswahl der Führungskräfte. Diese werden zukünftig die Rolle des Begleiters und Entwicklungshelfers (Schönfelder, 2019) der Mitarbeiter einnehmen. Daher ist es für diese Berufsgruppe von Bedeutung, den Umgang mit Unsicherheit zunächst selbst zu erlernen und im zweiten Schritt ihr Wissen und ihre Sicherheit an die Mitarbeiter weiterzugeben. Dies spielt vor allem in zu erwartenden Change-Management-Prozessen in Unternehmen eine entscheidende Rolle. Studien zeigen, dass erfolgreiche Führungskräfte oft extrovertierte und gewissenhafte Persönlichkeiten sind (Judge, Bono, Ilies & Gerhard, 2002). Dies lässt aufgrund der aktuellen Forschungsergebnisse den Schluss zu, dass Führungskräfte vermehrt über eine Ambiguitätstoleranz verfügen. Dennoch sollte die individuelle Führungskräfteentwicklung im Fokus stehen, da davon auszugehen ist, dass nicht alle Führungskräfte automatisch über diese Eigenschaften verfügen. Individuelle Personalentwicklungsprogramme können demnach ein Schlüssel sein, um Mitarbeiter und Unternehmer - je nach ihrer Persönlichkeit - bestmöglich auf neue Arbeitsformen vorzubereiten.

Weiterhin bieten schon heute verschiedene Persönlichkeitstests die Möglichkeit, die Persönlichkeitsanalyse auf agile Arbeitsformen zu übertragen. So bieten z. B. Staller und Kirschke einen Aufbaukurs für den Persönlichkeitstest ID37 in der agilen Arbeitswelt. Führungskräfte sollen somit befähigt werden, das zukünftige Potential der Mitarbeiter zu erkennen, indem Überschneidungen zwischen individuellen Talenten und Stärken sowie zukünftigen Herausforderungen sichtbar gemacht werden (Staller & Kirschke, 2019).

# 7 Fazit

Die Notwendigkeit der Etablierung von neuen Arbeitskonzepten resultiert aus den aktuellen Megatrends wie der Digitalisierung, der Globalisierung, der Demografie und der veränderten Wertewelt der Menschen. Das VUKA-Modell besagt, dass der Umgang mit Volatilität, Unsicherheit, Komplexität und Ambiguität darüber entscheidet, wie produktiv Arbeitnehmer zukünftig arbeiten können. Dabei stellt die Produktivität einen entscheidenden Wettbewerbsfaktor der Unternehmen dar.

Die vorliegende Forschungsarbeit konnte bedeutsame Zusammenhänge zwischen den Persönlichkeitsdimensionen Extraversion, Offenheit für Erfahrungen, Emotionalität und der Arbeitsproduktivität in neuen Arbeitsformen ermitteln. Die Ergebnisse zeigen, dass bereits bestimmte Persönlichkeitsdimensionen Einfluss auf die Produktivität der Arbeitnehmer in neuen Arbeitsformen nehmen, da Menschen mehr oder weniger gut mit mehrdeutigen und unsicheren Situationen umgehen können. Diese Erkenntnis bildet einen evidenzbasierten Rahmen für den erlebten Wertewandel in Unternehmen. Je nach Ausprägung der Ambiguitätstoleranz streben Menschen nach Veränderung und Selbstentfaltung oder nicht. Darüber hinaus wird weiterhin deutlich, dass über 80 % des Einflusses durch andere Faktoren erklärt werden müssen, die die vorliegende Arbeit nicht analysieren konnte. Weiterhin veranschaulichen die Ergebnisse, dass die Subfacetten der Ambiguitätstoleranz einen unterschiedlich starken Einfluss bzw. keinen Einfluss auf die Aufklärung der Persönlichkeit haben.

Die vorliegende Arbeit beschäftigt sich mit zukünftigen Arbeitssituationen. Dies erschwert einen Vergleich zwischen Theorie und Praxis. Dennoch leistet sie einen innovativen Beitrag zu den wenig veröffentlichten Studien in diesem Bereich. Das VUKA-Modell ist bisher kaum etabliert. Dennoch begegnen die vier Kriterien des Modells den Unternehmen und Arbeitgebern schon heute im Arbeitsalltag. Die Tendenz ist steigend. Damit sind die neuen Arbeitsformen näher an der Umsetzung als oftmals gedacht. Umso wichtiger ist es, schnelle Lösungen zu realisieren, wie Arbeitnehmer individuell auf die Veränderungen vorbereitet werden können. Dabei ist der Gedanke einer selektiven Personalauswahl nach passendem Persönlichkeitsprofil zu kurz gedacht. Zunächst bleiben dadurch andere Einflussfaktoren unberücksichtigt. Weiterhin kann diese Strategie bei sinkender Arbeitnehmerzahl nur kurzfristig Erfolge erzielen. Ein ganzheitlicher Prozess, der bei der Personalauswahl beginnt und die individuelle Personalentwicklung, horizontale Mentorenprogramme und angepasste Führungskräfteentwicklung umschließt, könnte einen erfolgsversprechenden Ansatz darstellen, um die Produktivität aller Arbeitnehmer zu erhalten und im besten Fall zu verbessern. Damit kann schon heute ein Beitrag geleistet werden, um sich an die zukünftigen Veränderungen anzupassen.

# LITERATURVERZEICHNIS

Abidi, D. (2018): Fostering organizational capabilities through soft skills: a strategic imperative for a VUCA world (unpublished disseration). Osaka School of International Public Policy, Japan.

Adorno, T. W. / Frenkel-Brunswik, E. / Levinson, D. J. & Sanford, R. N. (1949): The Authoritarian Personality. New York: Harper`s.

Allport, G. W. / Odbert, H. (1936): Trait names: A psycholexical study. Psychological Monographs 47, 1-171.

Allport, G. W. (1937). Personality: A psychological interpretation. New York: Holt Rinehart & Winston.

Allport, G. W. / Bracken, H. (1970): Gestalt und Wachstum in der Persönlichkeit. Meisenheim: Hain.

Andresen, B. (2015): Mythos Big Five. Neue Basisfaktoren der Persönlichkeit. Norderstedt: Books on Demand.

Appel-Meulenbroek, R. / Kemperman, A. D. / Kleijn, M. / Hendriks, E. (2015): To use or not to use: Which type of property should you choose? Predicting the use of activity based offices. Journal of property investment and finance. 320-336.

Asendorpf, J.B. (2007): Psychologie der Persönlichkeit, 4. Auflage. Berlin, Heidelberg: Springer.

Asendorpf, J. B. / Neyer, F. J. (2012): Psychologie der Persönlichkeit. Berlin, Heidelberg: Springer.

Ashton, M. C. / Lee, K. (2004): Psychometric Properties of the HEXACO Personality Inventory. Multivariate Behavioral Research. 39, 329-358.

Ashton, M. C. / Lee, K. (2009): The HEXACO-60: A Short Measure of the Major Dimensions of Personality. Journal of Personality Assessment. 91 (4), 340-345.

Bardi, A. / Guerra, V. M. / Sharadeh, G. / Ramdeny, D. (2009): Openness and ambiguity intolerance: Their differential relations to wellbeing in the context of an academic life transition. Personality and Individual Differences. 47, 219–223.

Barrick, M. R. / Mount, M. K. (1991): The Big Five personality dimensions and job performance. A meta-analysis. Personnel Psychology. 44, 1-26.

Barrick, M. R. / Mount, M. / Judge, T.A. (2001): Personality and performance at the beginning of the new millennium: What do we know and where do we go next? International Journal of Selection and Assessment. 9, 9-30.

Bennett, N. / Lemoine, J. (2014): What VUCA Really Means for You. Harvard Business Review. 92/1-2, 27.

Berenbaum, H. / Bredemeier, K. / Thompson, R. J. (2008): Intolerance of Uncertainty: Exploring its dimensionality and associations with need for cognitive closure, psychopathology, and personality, Journal of Anxiety Disorders. 22 (1), 117-125.

Bergmann, F. (2004): Neue Arbeit, Neue Kultur. Freiburg: Arbor Verlag.

Bird, R. C. (2018): VUCA. Virginia Law & Business Review. 3, 367- 426.

Block, Jack. (1995): A contrarian view of the five-factor approach to personality description. Psychological Bulletin. 117, 187–215.

Block, L. K. / Stokes, G. S. (1989): Performance and satisfaction in private versus nonprivate work settings. Environment and Behavior, 21, 277-297.

Bonin, Holger / Gregory, Terry / Zierhan, Ulrich (2015): Übertragung der Studie von Frey/Osborne (2013) auf Deutsch. Endbericht im Auftrag des Bundesministeriums für Arbeit und Soziales. Mannheim: Zentrum für Europäische Wirtschaftsforschung GmbH.

Botthof, A. / Hartmann, E. (2015): Zukunft der Arbeit in Industrie 4.0. Wiesbaden: Springer.

Boulton, W., R. / Lindsay, W. M. / Franklin S. G. / Rue, L. W. (1982): Strategic Planning: Determining the Impact of Environmental Characteristics and Uncertainty. Academy of Management Journal. 25(3), 500-509.

Brandstätter, H. (2011): Personality aspects of entrepreneurship: A look at five meta-analyses. Personality and Individual Differences. 51, 222–230.

Brengelmann, J. C. / Brengelmann, L. (1960): Deutsche Validierung von Fragebögen dogmatischer und intoleranter Haltungen. Z.E.A.P. 7, 451-471.

Budner, S. (1962): Intolerance of ambiguity as a personality variable. Journal of Personality. 30, 29-50.

Buhr, K. / Dugas, M. J. (2002): The intolerance of uncertainty scale: psychometric properties of the English version. Behaviour Research and Therapy. 40, 931-945.

Buhr, K. / Dugas, M. J. (2006): Investigating the construct validity of intolerance of uncertainty and its unique relationship with worry. Journal of Anxiety Disorders. 20, 222–236.

Bulmahn, T. / Bulmahn, N. (2013): Evokation und Messung personaler Eignungsindikatoren. In W. Sarges (Hrsg.), Management-Diagnostik, 4. Auflage (608-616). Göttingen: Hogrefe.

Caligiuri, P. / Tarique, I. (2012): Dynamic cross-cultural competencies and globalchange leadership effectiveness. Journal of World Business. 47(4), 612–622.

Casey, G. W. (2014): Leading in a VUCA World. Fortune. 196, 75-76.

Cattell, R. B. / Kline, P. (1977): The scientific analysis of personality and motivation. New York: Academic Press.

Chen, C., C. / Hooijberg, R. (2000): Ambiguity intolerance and Support for Valuing-Diversity Interventions. Journal of Applied Psychology. 30 (11), 2392-2408.

Cohen, J. (1992): A power primer. Psychological Bulletin. 112, 155-159.

Condon, D. M. / Revelle, W. (2014): The International Cognitive Ability Resource: Development and initial validation of a public-domain measure. Intelligence. 43, 52-64.

Costa, P. T. / McCrae, R. R. (1985): The NEO Personality Inventory manual. Odessa, FL: Psychological Assessment Resources.

Costa, P. T. / McCrae, R. R. (1989): Personality continuity and the changes in adult life. In: M. Storandt & G.R. Vanden Bos (Eds.), The adult years: Continuity and change. The Master lectures (Vol. 8, 41-77). Washington, DC: American Psychological Association.

Costa, P. T. / McCrae, R. R. (1992): NEO-PIR professional manual. Odessa, FL: Psychological Assessment Resources.

Costa, P. T. / McCrae, R. R. (1997): Stability and change in personality assessment: The revised NEO Personality Inventory in the year 2000. Journal of Personality and Assessment. 68, 86-94.

Cronbachs, L. (1951): Coefficient alpha and the internal structure of tests. Psychometrika.16, 297-334.

Darwin, C. (1872): The Origin of Species by Means of Natural Selection, 6. Auflage. London: John Murray.

DeNeve, K. M. / Cooper, H. (1998): The happy personality: A meta-analysis of 137 personality traits and subjective well-being. Psychological Bulletin. 124, 197-229.

Dettmer, M. / Tietz, J. (2014): Der Sieg der Algorithmen. Der Spiegel. 17, 69-75.

Deutscher Bundestag (2018). Krankenstände in Deutschland. Drucksache 19/4332.

DeYoung, C. G. (2013): The neuromodulator of exploration: A unifying theory of the role of dopamine in personality. Frontiers in Human Neuroscience. 7, 762.

Dillman, D. A. (2007): Mail and internet surveys: The tailored design. Hoboken: John Wiley.

Döring, N. / Bortz, J. (2016): Forschungsmethoden und Evaluation in den Sozial- und Humanwissenschaften, 5. Auflage. Berlin, Heidelberg: Springer.

Edwards, P. / Roberts, I. / Clarke, M. / DiGuiseppi, C. / Pratap, S. / Wentz, R. / Kwan, I. (2002): Increasing response rates to postal questionnaires: Systematic review. British Medical Journal. 324, 1183.

Ellsberg, D. (1961): Risk, ambiguity and the savage axioms. Quarterly Journal of Economics. 75, 643-669.

Eppler, M. J. (2015): Augen auf und durch! Organisationsentwicklung. 4, 004.

Erdheim, J. / Wang, M. / Zickar, M. (2006): Linking the Big Five personality constructs to organizational commitment. Personality and Individual Differences. 41, 959–970.

Ettlie, J. E. / Bridges, W. P. (1982): Environmental Uncertainty and OrganizationalTechnology Policy. IEEE Transactions on Engineering Management. 29 (1), 2-10.

Eysenck, H. J. (1944): Types of personality: A factorial study of seven hundred neurotics. Journal of Mental Science. 90, 851-861.

Faller, H., / Schowalter, M. (2016): Theoretische Grundlagen. In: Faller, H., & Lang, H. (Hrsg.), Medizinische Psychologie und Soziologie (99-198). Berlin, Heidelberg: Springer.

Faullant, R. (2007): Psychologische Determinanten der Kundenzufriedenheit. Wiesbaden: Deutscher Universitäts-Verlag.

Fehr, T. (2010): Big Five: Die fünf grundlegenden Dimensionen der Persönlichkeit und ihre 30 Facetten. In W. Simon (Hrsg.), Persönlichkeitsmodelle und Persönlichkeitstest (113-135). Offenbach: Gabal Verlag.

Fischer, S. / Häusling, A. (2018): Relevanz und Lösungsansätze einer agilen HR Organisation. In T. Petry & W. Jäger (Hrsg.), Digital HR – Smarte und agile Systeme, Prozesse und Strukturen im Personalmanagement (429-444). Freiburg: im Druck.

Fisseni, H.-J. (1997): Lehrbuch der psychologischen Diagnostik, 3. Auflage. Göttingen: Hogrefe.

Flato, E. / Reinbold-Scheible, S. (2008): Zukunftsweisendes Personalmanagement, Herausforderung demografischer Wandel. München: mi-Fachverlag.

Frenkel-Brunswick, E. (1949): Intolerance of Ambiguity as an Emotional and Perceptual Personality Variable. Journal of Personality. 18, 108-143.

Frey, C. B. / Osborne, M. A. (2013): The future of employment. How susceptible are Jobs to computerisation? Technological Forecasting and Social Change. 114, 254-280.

Funder, D. C. (2006): Towards a resolution of the personality triad: Persons, situations, and behaviors. Journal of Research in Personality. 40, 21–34

Furnham, A. / Marks, J. (2013): Tolerance of Ambiguity: A review of the Recent Literature. Scientific Research. 4 (9), 717-728.

Galton, F. (1884): Measurement of character. Fortnightly Review. 36, 179-185.

Gerlitz, J.-Y. / Schupp, J. (2005): Zur Erhebung der Big-Five-basierten Persönlichkeitsmerkmale im SOEP. Berlin: DIW.

Germann, H. / Rürup, H. / Setzer, M. (1996): Globalisierung der Wirtschaft: Begriff, Bereiche, Indikatoren. Berlin, Heidelberg: Springer.

Gerrig, R. J. / Zimbardo, P. G. (2008): Psychologie, 18. Auflage. München: Pearson Studium.

Gloger, B. (2016): Agile Leadership mit Scrum. In T. Petry (Hrsg.). Digital Leadership: Erfolgreiches Führen in Zeiten der Digital Economy (197-211). Freiburg: Haufe.

Goldberg, L. R. (1990): An Alternative „Description of Personality": The Big-Five Factor Structure. Journal of Personality and Social Psychology. 59, 1216-1229.

Goldberg, L. R. / Saucier, G. (1995): So what do you propose we use instead? A reply to Block. Psychological Bulletin. 117, 221-225.

Gole, M. / Schäfer, A. / Schienle, A. (2012): Event-related Potentials during exposure to aversion and its anticipation: the moderating effect of intolerance of uncertainty. Elsevier. 507, 112-117.

Greco, V. / Roger, D. (2001): Coping with uncertainty: The construction and validation of a new measure. Personality and Individual Differences. 31, 519–534.

Guilford, J. P. (1959): Personality. New York: McGraw-Hill.

Hackl, B. / Gerpott, F. / Malessa, M. / Jeckel, P. (2015): Auf dem Weg zur Agilität. Personalmagazin. 16 (02), 30-32.Hackl, B., Wagner, M., Attmer, L. & Baumann, D. (2017). New Work: Auf dem Weg zur neuen Arbeitswelt. Managementimpulse, Praxisbeispiele, Studien. Wiesbaden: Springer Gabler.

Hänsel, M. (2017): Gesunde Führung als Entwicklungsprozess für Führungskräfte und Organisationen. In K. Kaz (Hrsg.), CSR und gesunde Führung (13-39). Berlin, Heidelberg: Springer.

Heckhausen, J. / Heckhausen, H. (2018): Motivation und Handeln. Berlin: Springer Verlag.

Helson, R. (1999): A longitudinal study of creative personality in women. Creativity Research Journal. 12, 89–101.

Herman, J. L. / Stevens, M. J. / Bird, A. / Mendenball, M. / Oddou, G. (2010): The tolerance for ambiguity scale: Towards a more refined measure for international management research. International Journal of Intercultural Relations. 34, 58-65.

Herwig, U. / Kaffenberger, T. / Baumgartner, T. / Jäncke, L. (2007): Neural correlates of a pessimistic` attitude when anticipating events of unknown emotional valence. Neuroimage. 34, 848-858.

Herzberg, P. Y. / Roth, M. (2014): Persönlichkeitspsychologie, Basiswissen Psychologie. Wiesbaden: Springer Fachmedien Wiesbaden.

Hirsh, J. B. / Mar, R. A. / Peterson, J. B. (2012): Psychological entropy: A framework for understanding uncertainty-related anxiety. Psychological Review. 119 (2), 304.

Hossip, R. / Mühlhaus, O. (2015): Personalauswahl und -entwicklung mit Persönlichkeitstests, 2. Auflage. Göttingen: Hogrefe.

Houg, L. M. / Eaton, N. K. / Dunnette, M. D. / Kamp, J. D. / McCloy, R. A. (1990): Criterion related validities of personality constructs and the effect of response distortion on those validities. Journal of Applied Psychology. 75, 581-595.

Huber, R. K. / Eggenhofer, P. / Schäfer, S. / Römer. J. (2007): Der Einfluss von Persönlichkeitsmerkmalen und Teameigenschaften auf die Leistungsfähigkeit vernetzter Teams. Europäische Sicherheit. 53, 70-73.

Hurtz, G. M. / Donovan, J.J. (2000): Personality and job performance. The Big Five revisited. Journal of Applied Psychology. 85, 869-879.

Jach, H. K. / Smillie, L. D. (2019): To fear or fly to the unknown: Tolerance for ambiguity and Big Five. Journal of Research in Personality. 79, 67-78.

Johansen, B. (2007): Get there early: sensing the future to compete in the present. San Francisco: Berrett-Koehler Publishers.

Johnson, M. K. / Rowatt, B. C. / Petrini, L. (2011): A new trait on the market: Honesty Humility as a unique predictor of job performance ratings. Personality and Individual Differences. 50, 857-862.

Judge, T. A. / Bono, J. E. / Ilies, R. / Gerhardt, M. W. (2002): Personality and leadership: a qualitative and quantitative review. Journal of Applied Psychology. 87, 765–780.

Kajonius, P. J. / Daderman, A. M. (2014): Exploring the Relationship Between Honesty-Humility, the Big Five, and Liberal Values in Swedish Students. Europe`s Journal of Psychology. 10 (1), 104-117.

Kenrick, D. T. / Funder, D. C. (1988): Profiting from controversy: Lessons from the person–situation debate. American Psychologist. 43, 23–34.

Kischkel, K.-H. (1984): Eine Skala zur Erfassung von Ambiguitätstoleranz. Diagnostica. 2, 144-154.

König, S. / Dalbert, C. (2004): Ungewissheitstoleranz, Belastung und Befinden bei BerufsschullehrerInnen. Zeitschrift für Entwicklungspsychologie und Pädagogische Psychologie. 36 (4), 190-199.

Kropf, M. / Neumann, M. / Becker, M. / Maaz, K. (2015): Effekte von Merkmalen des administrativen Untersuchungsdesigns auf die Teilnahme an Fragebogenstudien im Schulkontext: Eine experimentelle Studie zu den Auswirkungen von Mehrfachkontaktierung und Incentives. ZfE. 328-347.

Kühn, K. G. (1965): Medicorum Graecorum opera quae exstant. In K. G. Kühn (Hrsg.), Claudii Galeni Opera omnia, I–XX (1-20). Hildesheim: Olms.

Kwak, N. / Radler, B. (2002): A Comparison Between Mail and Web Surveys: Response Pattern, Respondent Profile, and Data Quality. Journal of Official Statistics. 18 (2), 257-273.

Laloux, F. (2015): Reinventing Organisations. München: Verlag Franz Vahlen.

Lauriola, M. / Foschi, R. / Mosca, O. / Weller, J. (2016): Attitude toward ambiguity: Empirically robust factors in self-report personality scales. Assessment. 23 (3), 353–373.

Lehmann, R. / Allemand, M. / Denissen, J. A. / Penke, L. (2012): Age and Gender Differences in Motivational Manifestations of the Big Five from Age 16 to 60. Developmental Psychology. 49 (2), 365-383.

Loehlin, J. C. (2000): Group differences in intelligence. In R. J. Sternberg (Ed.), Handbook of intelligence (176-193). Cambridge, UK: Cambridge University Press.

Lüdtke, O. / Trautwein, U. / Husemann, N. (2009): Goal and personality trait development in a transitional period: Assessing change and stability in personality development. Personality and Social Psychology Bulletin. 35, 428-441.

Marcus, B. / Lee, K. / Ashton, M. C. (2007): Personality Dimensions explaining Relationships between Integrity Tests and Counterproductive Behavior: Big Five or one in Addition? Personnel Psychology. 60, 1-34.

Maurer, M. / Jandura, O. (2009): Masse statt Klasse? Einige kritische Anmerkungen zu Repräsentativität und Validität von Online-Befragungen. In N. Jackob / H. Schoen / T. Zerback (Hrsg.), Sozialforschung im Internet. Methodologie und Praxis der Online-Befragung (61–73). Wiesbaden: VS Verlag für Sozialwissenschaften/GWV Fachverlage GmbH.

McLain, D. L. (2009): Evidence of the properties of an ambiguity tolerance Measure: The multiple Stimulus Types ambiguity tolerance scale-II. Psychological Reports. 105, 975-988.

Merrotsky, P. (2013): Tolerance of ambiguity: A trait of the creative personality. Creativity Reserach Journal. 25, 232-237.

Millar, C.C. / Groth, O. / Mahon, F.J. (2018): Management Innovation in a VUCA world: Challenges and recommendations. California Management Review. 61, 5-14.

Moshagen, M. / Hilbig, B. E. / Zettler, I. (2014): Faktorenstruktur, psychometrische Eigenschaften und Messinvarianz der deutschsprachigen Version des 60-Item HEXACO Persönlichkeitsinventars. Diagnostica. 60 (2), 86-97.

Neumann, M. / Schmidt, J. (2013): Glücksfaktor Arbeit: Was bestimmt unsere Lebenszufriedenheit. München: Roman-Herzog-Institut e.V.

Niels, S. / Tullius, K. (2017): Zwischen Übergang und Etablierung- Beteiligungsansprüche und Interessenorientierungen jüngerer Erwerbstätiger. Düsseldorf: Hans Böckler-Stiftung.

Norton, R. W. (1975): Measurement of ambiguity tolerance. J. Pers. Assessment. 39, 607-619.

Ostendorf, F. / Angleitner, A. (2004): NEO-PI-R. NEO-Persönlichkeitsinventar nach Costa und McCrae. Revidierte Fassung. Testmanual. Göttingen: Hogrefe.

Pavlov, I. P. (1927): Conditioned reflexes. London: Oxford.

Petry, T. (2018): Agile Führung als Antwort auf eine VUCA-Umwelt. PERSONALquarterly. 03, 18-23.

Rammsayer, T. / Weber, H. (2016): Differentielle Psychologie – Persönlichkeitstheorien. Göttingen: Hogrefe.

Reis, J. (1996): Inventar zur Messung der Ambiguitätstoleranz. Heidelberg: Asanger.

Renner, K.-H. / Heydasch, T. / Ströhlein, G. (2012): Forschungsmethoden der Psychologie. Von der Fragestellung zur Präsentation. Wiesbaden: Springer VS.

Samuel, D. B. / Widiger, T.A. (2008): A meta-analytic review of the relationship between the Five-Factor-Model and DSM-IV-TR personality disorders: A facet level analysis. Clinical Psychology Review. 28, 1326-1342. Schienle, A., Köchel, A., Ebner, F., Reishofer, G. & Schäfer, A. (2010). Neural correlates of intolerance of uncertainty. Neuroscience Letters. 479, 272-276.

Schlink, S. / Walther, E. (2007): Kurz und gut: eine deutsche Kurzskala zur Erfassung der Bedürfnisse nach kognitiver Geschlossenheit. Zeitschrift für Sozialpsychologie. 38 (3), 153-161.

Schönfelder, C. (2019): Digitale Kommunikation und Führung 4.0 – zum Potenzial neuer Kommunikationsinstrumente für aktuelle Führungsrollen. In: Stumpf, M. (Hrsg.), Digitalisierung und Kommunikation (199-210). Wiesbaden: Springer VS.

Schreiber, M. / Mueller, I. M. / Morell, C. (2018): Handbuch HEXACO Personality Inventory-Revised. Zürich: zhaw.

Schwarz, D. (2007): Flexibilisierung der Arbeit und deren Einfluss auf die Persönlichkeit des Arbeitnehmers: eine konzeptionelle Analyse (Nicht veröffentlichte Disseration). Universität Cottbus, Deutschland.

Seow, P.S. / Pan, G. / Koh, G. (2019): Examining an experiential learning approach to prepare students for the volatile, uncertain, complex and ambiguous (VUCA) work. The International Journal of Management Education. 17, 62-76.

Sheldon, W. (1942): The varieties of temperament: A psychology of constitutional differences. New York: Harper.

Simon, W. (2010): Persönlichkeitsmodelle und Persönlichkeitstests. Offenbach: GABAL Verlag.

Staller, T. / Kirschke, C. (2019): Die ID37 Persönlichkeitsanalyse: Bedeutung und Wirkung von Lebensmotiven für effiziente Selbststeuerung. Berlin: Springer.

Stoetzer, M.-J. (2017): Regressionsanalyse in der empirischen Wirtschaft- und Sozialforschung. Berlin: Springer Gabler.

Stulle, K. (2018): Psychologische Diagnostik durch Sprachanalyse. Wiesbaden: Springer Gabler.

Sulloway, F. J. (1996): Born to rebel: Birth order, family dynamics, and creative lives. New York: Pantheon.

Tapanes, M. A. / Smith, G. G. / White, J. A. (2009): Cultural diversity in online learning: A study of the perceived effects of dissonance in levels of individualism/collectivism and tolerance of ambiguity. Internet and Higher Education. 12, 26–34.

Thielsch, C. / Andor, T. / Ehring, T. (2015): Metacognitions, intolerance of uncertainty and worry: An investigation in adolescents. Personality and Individual Differences. 74, 94-98.

Untersteiner, H. (2007): Statistik. Datenauswertung mit Excel und SPSS, 2. Auflage. Wien: facultas. wuv Universitätsverlag.

Urban, D. / Mayerl, J. (2019): Angewandte Regressionsanalyse: Theorie, Technik und Praxis, 5. Auflage. Wiesbaden: Springer VS.

Wakabayashi, A. (2014): A sixth personality domain that is independent of the Big Five domains: The psychometric properties of the HEXACO Personality Inventory in a Japanese sample. Japanese Psychological Research. 56 (3), 211-223.

Weber, H. / Westmeyer, H. (2005): Konstruktivistische Ansätze. In: H. Weber & T. Rammsayer (Hrsg.), Handbuch der Persönlichkeitspsychologie und Differentielle Psychologie (116-124). Göttingen: Hogrefe.

Webster, D. M. / Kruglanski, A. W. (1994): Individual differences in need for cognitive closure. Journal of Personality and Social Psychology. 67, 1049-1062.

Westhoff, K. / Liebert, C. (2014): Emotionale Belastbarkeit und Umgang mit emotionalen Belastungen. reportpsychologie. 39 (6), 250-260.

Wolfradt, U. / Oubaid, V. / Straube, E. R. / Bischoff, N. / Mischo, J. (1999): Thinking styles, schizotypal traits and anomalous experiences. Personality and Individual Differences. 27, 821–830.

Yazici, B. / Yolacan, S. (2007): A comparison of various tests of normality. Journal of Statistical Computation and Simulation. 77(2), 175–183.

Yu, J., / Cooper, H. (1983): A quantitative review of research design. Effects on response rates on questionnaires. Journal of Marketing Research. 20 (1), 36–44.

Internetquellen:

Bundesministerium des Innern (2015): Jedes Alter zählt „Für mehr Wohlstand und Lebensqualität aller Generationen“. Abgerufen am 06.06.2019, von https://www.bmi.bund.de/SharedDocs/downloads/DE/publikationen/themen/heimat-integration/demografie/demografiebilanz.pdf;jsessionid=94D4664AA9469A49D80257D66C2966FC.1_cid287?__blob=publicationFile&v=4.

Bundesministerium für Arbeit und Soziales (2016): Studie: Wertewelten Arbeiten 4.0. Abgerufen am 23.05.2019, von https://www.bmas.de/SharedDocs/Downloads/DE/PDF-Publikationen/Forschungsberichte/wertewelten-arbeiten-vier-null.pdf?__blob=publicationFile&v=2.

Bundesministerium für Arbeit und Soziales (2017): Weissbuch Arbeiten 4.0. Abgerufen am 23.05.2019, von https://issuu.com/support.bmaspublicispixelpark.de/docs/161121_wei__buch_final?e=26749784/43070404.

Deloitte (2016): Der Arbeitsplatz der Zukunft. Wie digitale Technologie und Sharing Economy die Schweizer Arbeitswelt verändern. Abgerufen am 26.05.2019, von https://www2.deloitte.com/content/dam/Deloitte/ch/Documents/consumer-business/ch-cb-de-der-arbeitsplatz-der-zukunft.pdf.

Hays (2017): HR-Report 2017 – Kompetenzen für eine digitale Welt. Abgerufen am 29.08.2019, von https://www.hays.de/documents/10192/118775/Hays-Studie-HR-Report-2017.pdf.

Institut für Arbeitsmarkt- und Berufsforschung (2018): Presseinformation des Instituts für Arbeitsmarkt- und Berufsforschung. Abgerufen am 26.06.2019, von https://www.iab.de/de/informationsservice/presse/presseinformationen/os1704.aspx.

Kail, E. G. (2010): Leading in a VUCA environment: V is for volatility. Abgerufen am23.05.2019, von https://hbr.org/2010/11/leading-in-a-vuca-environment.

Landesbetrieb IT.NRW (2019): Arbeitsreport 2018, Abgerufen am 06.06.2019, von https://www.it.nrw/nrw-erwerbstaetige-arbeiteten-im-jahr-2018-rund-127-milliarden-stunden-94775.

Mollbach, A. / Bergstein, J. (2015): Agility – überlebensnotwendig für Unternehmen in unsicheren und dynamischen Zeiten – Change-Management-Studie 2014/2015. Abgerufen am 01.07.2019, von http://assets.kienbaum.com/downloads/Change-Management-Studie-Kienbaum-Studie-2014 2015.pdf?mtime=20160810120630.

Mollbach, A. (2017): Future Management Development – Studie 2017. Abgerufen am 01.07.2019, von 01.07.2019, von http://assets.kienbaum.com/downloads/Future-Management-Develop.

Qualtrics (2019): Stichprobenrechner – Stichprobengröße einfach berechnen. Abgerufen am 24.05.2019, von https://www.qualtrics.com/de/erlebnismanagement/research-core/stichprobenrechner/.

Statista (2019): Saison- und kalenderbereinigte Anzahl der Erwerbstätigen mit Wohnsitz in Deutschland (Inländerkonzept) von März 2018 bis März 2019 (in Millionen). Abgerufen am 06.06.2019, von https://de.statista.com/statistik/daten/studie/1376/umfrage/anzahl-der-erwerbstaetigen-mit-wohnort-in-deutschland/.

We Are Social (2016): 2016 Digital Yearbook: We Are Social's Compendium Of Key Digital Statistics And Data Points For 232 Countries Around The World. Abgerufen am 26.06.2019, von https://wearesocial.com/special-reports/digital-in-2016.

# ANHANG

## Anhang A: Vollständiger Fragebogen

Liebe Teilnehmerin,
lieber Teilnehmer,

im Rahmen meiner Masterarbeit an der Hochschule für Ökonomie und Management in Köln, führe ich eine Befragung zum Thema Persönlichkeitseigenschaften und deren Auswirkungen auf die Arbeitsproduktivität in neuen Arbeitsformen am Beispiel der Ambiguitätstoleranz (Umgang mit Mehrdeutigkeit und Unsicherheit) durch. Das Ziel der Befragung ist es herauszufinden, ob es einen Zusammenhang zwischen den Persönlichkeitseigenschaften von Menschen und deren Ambiguitätstoleranz/-intoleranz, als ein Kriterium der neuen Arbeitsformen, gibt.

Die Bearbeitung des Fragebogens wird 15-20 Minuten in Anspruch nehmen. Bei der Beantwortung der Fragen ist nur Ihre subjektive Einschätzung gefragt. Es gibt also kein falsch oder richtig. Zudem dient die Befragung rein wissenschaftlichen Zwecken. Ihre Angaben werden selbstverständlich vertraulich behandelt sowie vollste Anonymität versichert. Die Auswertung der Daten erfolgt auf Basis von Mittelwerten. Es können keine Rückschlüsse auf einzelne Datensätze und Personen gezogen werden.

Unter allen Teilnehmenden, die die Befragung vollständig und bis zum Schluss durchführen, verlose ich 2 Amazon-Gutscheine im Wert von jeweils 20,00 Euro.

Ich bedanke mich im Voraus für die Unterstützung!

Charlotte Pilartz

| **Geschlecht:** | Männlich ☐ weiblich ☐ divers ☐ |
|---|---|
| **Alter** | |
| **Berufstätigkeit in Jahren:** | |
| **Betriebszugehörigkeit in Jahren:** | |
| **Höchster Ausbildungsabschluss:** | Ohne beruflichen Bildungsabschluss ☐<br>Berufsausbildung ☐<br>Meister-, Techniker- oder vergl. Fachschulabschluss ☐<br>Bachelor ☐<br>Master ☐<br>Diplom ☐<br>Promotion ☐ |

Die folgenden Aussagen erfragen verschiedene Persönlichkeitsfacetten. Diese können mehr oder weniger auf Sie zutreffen. Es gibt **keine** richtigen oder falschen Antworten. Bitte entscheiden Sie spontan. Vielleicht passen einige Aussagen weniger gut auf Sie. Kreuzen Sie bitte dennoch immer eine Antwort an und zwar die, die am ehesten auf Sie zutrifft.

| | **Trifft nicht zu** | | | | **Trifft völlig zu** |
|---|---|---|---|---|---|
| Der Besuch einer Kunstausstellung würde mich ziemlich langweilen. | | | | | |

| | | | | | |
|---|---|---|---|---|---|
| Ich plane im Voraus und organisiere, damit in letzter Minute kein Zeitdruck aufkommt. | | | | | |
| Ich habe selten Wut im Bauch, nicht mal gegen Leute, die mich sehr ungerecht behandelt haben. | | | | | |
| Im Allgemeinen bin ich mit mir ziemlich zufrieden. | | | | | |
| Ich hätte Angst, wenn ich bei schlechten Wetterbedingungen verreisen müsste. | | | | | |
| Ich würde keine Schmeicheleien benutzen, um eine Gehaltserhöhung zu bekommen oder befördert zu werden, auch wenn ich wüsste, dass es erfolgreich wäre. | | | | | |
| Ich bin daran interessiert, etwas über die Geschichte und Politik anderer Länder zu lernen. | | | | | |
| Ich treibe mich oft selber sehr stark an, wenn ich versuche, ein Ziel zu erreichen. | | | | | |
| Andere sagen mir manchmal, dass ich zu kritisch gegenüber anderen bin. | | | | | |
| Bei Gruppentreffen sage ich nur selten meine Meinung. | | | | | |
| Ich kann manchmal nichts dagegen machen, dass ich mir über kleine Dinge Sorgen mache. | | | | | |
| Ich würde es genießen, ein Kunstwerk zu schaffen, etwa einen Roman, ein Lied ode rein Gemälde. | | | | | |
| Wenn ich an irgendetwas arbeite, beachte ich kleine Details nicht allzu sehr. | | | | | |
| Andere sagen mir manchmal, dass ich zu dickköpfig bin. | | | | | |
| Ich ziehe Berufe, in denen man sich aktiv mit anderen Menschen auseiandersetzt solchen vor, in denen man alleine arbeitet. | | | | | |
| Wenn ich wegen einer schmerzvollen Erfahrung leide, brauche ich jemanden, der mich tröstet. | | | | | |
| Viel Geld zu haben ist nicht besonders wichtig für mich. | | | | | |
| Ich denke, dass es Zeitverschwendung ist, radikalen Ideen Aufmerksamkeit zu schenken. | | | | | |
| Ich treffe Entscheidungen eher aus dem Bauch heraus als durch sorgfältiges Nachdenken. | | | | | |
| Andere halten mich für jähzornig. | | | | | |
| An den meisten Tagen bin ich fröhlich und optimistisch. | | | | | |
| Ich könnte weinen, wenn ich andere Personen sehe, die weinen. | | | | | |

| | | | | | |
|---|---|---|---|---|---|
| Ich denke, dass ich mehr Respekt verdiene al sein durchschnittlicher Mensch. | | | | | |
| Wenn ich die Gelegenheit dazu hätte, würde ich gerne ein Konzert mit klassischer Musik besuchen. | | | | | |
| Wenn ich arbeite, habe ich manchmal Schwierigkeiten, weil ich unorganisiert bin. | | | | | |
| Meine Einstellung gegenüber Personen, die mich schlecht behandelt haben, ist "vergeben und vergessen". | | | | | |
| Ich bin der Meinung, dass ich nicht beliebt bin. | | | | | |
| Wenn es um körperliche Gefahr geht, bin ich sehr ängstlich. | | | | | |
| Wenn ich von jemanden etwas will, lache ich auch noch über dessen schlechteste Witze. | | | | | |
| Ich habe es noch nie wirklich gemocht, eine Enzyklopädie durchzublättern. | | | | | |
| Ich arbeite nur so viel wie nötig, um gerade so durchzukommen. | | | | | |
| Ich neige dazu, nachsichtig zu sein, wenn ich andere beurteile. | | | | | |
| In sozialen Situationen bin ich gewöhnlich der, der den ersten Schritt macht. | | | | | |
| Ich mache mir viel weniger Sorgen als die meisten Leute. | | | | | |
| Ich würde niemalsBestechungsgeld annehmen, auch wenn es sehr viel wäre. | | | | | |
| Man hat mir oft gesagt, dass ich eine gute Vorstellungskraft habe. | | | | | |
| Ich versuche immer, fehlerfrei zu arbeiten, auch wenn es Zeit kostet. | | | | | |
| Wenn ich an irgendetwas arbeite, beachte ich kleine Details nicht allzu sehr. | | | | | |
| Ich bin gewöhnlich ziemlich flexibel in meinen Ansichten, wenn andere Leute mir nicht zustimmen. | | | | | |
| Das erste, was ich an einem neuen Ort tue, ist, Freundschaften zu schließen. | | | | | |
| Ich kann mit schwierigen Situationen umgehen, ohne dass ich emotionale Unterstützung von irgendjemandem brauche. | | | | | |
| Es würde mir viel Freude bereiten, teure Luxusgüter zu besitzen. | | | | | |
| Ich mag Leute, die unkonventionelle Ideen haben. | | | | | |

| | | | | | |
|---|---|---|---|---|---|
| Ich mache viele Fehler, weil ich nicht nachdenke, bevor ich handele. | | | | | |
| Die meisten Leute werden schneller ärgerlich als ich. | | | | | |
| Die meisten Leute sind aufgedrehter und dynamischer als ich e sim Allgemeinen bin. | | | | | |
| Ich fühle starke Emotionen, wenn jemand, der mir nahe steht, für eine längere Zeit weggeht. | | | | | |
| Ich will, dass alle wissen, dass ich eine wichtige angesehene Person bin. | | | | | |
| Ich halte mich nicht für einen künstlerischen oder kreativen Menschen. | | | | | |
| Andere nennen mich oft einen Perfektionisten. | | | | | |
| Selbst wenn Leute viele Fehler Machen, sage ich nur selten etwas Negatives. | | | | | |
| Manchmal habe ich den Eindruck, dass ich wertlos bin. | | | | | |
| Selbst in Notfällen würde ich nicht in Panik greaten. | | | | | |
| Ich würde nicht vortäuschen, jemanden zu mögen, nur um diese Person dazu zu bringen, mir Gefälligkeiten zu erweisen. | | | | | |
| Ich finde es langweilig, über Philosophie zu diskutieren. | | | | | |
| Ich ziehe es vor, das zu tun, was mir gerade in den Sinn kommt, anstatt an einem Plan festzuhalten. | | | | | |
| Wenn mir andere sagen, dass ich falsch liege, ist meine Reaktion, mit ihnen zu streiten. | | | | | |
| Wenn ich in einer Gruppe von Leuten bin, bin ich oft derjenige, der im Namen der Gruppe spricht. | | | | | |
| Ich bleibe emotionslos, selbst in Situationen, in denen die meisten Leute sehr sentimental werden. | | | | | |
| Ich würde in Versuchung greaten, Falschgeld zu benutzen, wenn ich sicher sein könnte, damit durchzukommen. | | | | | |

Inwieweit sind die aufgeführten Aussagen für Sie zutreffend? Es ist nur Ihre persönliche Meinung interessant. Vertrauen Sie dabei Ihrem spontanen Urteil. Vielleicht passen einige Aussagen weniger gut auf Sie. Kreuzen Sie bitte dennoch immer eine Antwort an und zwar die, die am ehesten auf Sie zutrifft.

| | Trifft gar nicht zu | Trifft nicht zu | Trifft eher nicht zu | Trifft etwas zu | Trifft zu | Trifft sehr zu |
|---|---|---|---|---|---|---|

| | | | | | | |
|---|---|---|---|---|---|---|
| Ich weiß gerne im Voraus, was mich in meinem Urlaub erwarten wird. | | | | | | |
| Probleme, die mir als unlösbar erscheinen, empfinde ich als persönliche Herausforderung. | | | | | | |
| Ich gehe am liebsten auf Parties, auf denen ich neue Menschen kennenlernen kann. | | | | | | |
| Mit Problemen, die mir unlösbar erscheinen, würde ich mich nicht ernsthaft beschäftigen wollen. | | | | | | |
| Es macht mir manchmal Spaß, mit meinen Bekannten neue Unternehmungen durchzuführen. | | | | | | |
| Auch für viel Geld würde ich meine Zeit nicht mit Problemen vergeuden, die mir unlösbar erscheinen. | | | | | | |
| Ich versuche Streitigkeiten zu vermeiden. | | | | | | |
| Ich gehe Menschen, die sich gerne streiten, nach Möglichkeit aus dem Weg. | | | | | | |
| Ich brauche eine vertraute Umgebung, um mich wohlzufühlen. | | | | | | |
| Ich fahre gerne in Länder, die ich noch nicht kenne. | | | | | | |
| Ich gehe Streitigkeiten nach Möglichkeit aus dem Weg. | | | | | | |
| Ich mag es nicht, in irgendeiner Weise überrascht zu werden. | | | | | | |
| Probleme, die mir unlösbar erscheinen, versuche ich zu umgehen. | | | | | | |
| Ich versuche, mit jedem gut auszukommen. | | | | | | |
| Es ist für mich wichtig, dass andere Leute mich nicht für streitlustig halten. | | | | | | |
| Es erscheint mir sinnlos, mich mit Problemen zu beschäftigen, die mir unlösbar erscheinen. | | | | | | |
| Ich ziehe es vor, mit Bekannten über unverfängliche Themen zu sprechen. | | | | | | |
| Ich interessiere mich für ausländische Sitten und Gebräuche. | | | | | | |
| Eine Beschäftigung mit Problemen, die mir als unlösbar erscheinen, kann auch dann für mich von Nutzen sein, wenn ich sie nicht lösen werde. | | | | | | |

Vielen Dank für Ihre Teilnahme!

Bitte geben Sie, wenn Sie an der Verlosung teilnehmen möchten, Ihre E-Mail-Adresse in dem folgenden Feld ein. Die Verlosung wird unabhängig von den Datensätzen durchgeführt, so dass die Anonymität gesichert bleibt.

Die Gewinner werden im Juni 2019 per E-Mail benachrichtigt.

## Anhang B: Berechnung des Stichprobenumfangs

**Confidence Level:** 95%

**Population Size:** 9550000

**Margin of Error:** 5%

**Ideal Sample Size:** 385

**Confidence Level:** 90%

**Population Size:** 9550000

**Margin of Error:** 10%

**Ideal Sample Size:** 68

## Anhang C: Reliabilitätsstatistiken der Unterfacetten des HEXACO und des IMA

### HEXACO-60

Offenheit

*Reliabilitätsstatistiken*

| Cronbachs Alpha | Anzahl der Items |
|---|---|
| .743 | 10 |

Extraversion

*Reliabilitätsstatistiken*

| Cronbachs Alpha | Anzahl der Items |
|---|---|
| .733 | 9 |

Emotionalität

*Reliabilitätsstatistiken*

| Cronbachs Alpha | Anzahl der Items |
|---|---|
| .692 | 11 |

IMA-40 gekürzt

OE

*Reliabilitätsstatistiken*

| Cronbachs Alpha | Anzahl der Items |
|---|---|
| .618 | 8 |

PR

*Reliabilitätsstatistiken*

| Cronbachs Alpha | Anzahl der Items |
|---|---|
| .781 | 6 |

SK

*Reliabilitätsstatistiken*

| Cronbachs Alpha | Anzahl der Items |
|---|---|
| .733 | 6 |

## Anhang D: Deskriptive Statistik

*Deskriptive Statistik*

| | N | Minimum | Maximum | Mittelwert | Std.-Abweichung | Varianz | Schiefe | | Kurtosis | |
|---|---|---|---|---|---|---|---|---|---|---|
| | Statistik | Statistik | Statistik | Statistik | Statistik | Statistik | Statistik | Std.-Fehler | Statistik | Std.-Fehler |
| Geschlecht | 319 | 1 | 2 | 1.33 | .472 | .223 | .715 | .137 | -1.498 | .272 |
| Alter | 319 | 18 | 64 | 39.51 | 12.483 | 155.823 | .412 | .137 | -1.072 | .272 |
| Berufstätigkeit | 319 | 1 | 55 | 17,21 | 12.828 | 164.569 | .669 | .137 | -.711 | .272 |
| Betriebszugehörigkeit | 319 | .5 | 55.0 | 10.759 | 11.0285 | 121.627 | 1.407 | .137 | 1.286 | .272 |
| Bildungsabschluss | 319 | 1 | 8 | 4.34 | 2.065 | 4.264 | .255 | .137 | -1.088 | .272 |
| Gültige Werte (Listenweise) | 319 | | | | | | | | | |

*Alter*

| | | Häufigkeit | Prozent | Gültige Prozente | Kumulierte Prozente |
|---|---|---|---|---|---|
| Gültig | 18 | 2 | .6 | .6 | .6 |
| | 19 | 2 | .6 | .6 | 1.3 |
| | 20 | 3 | .9 | .9 | 2.2 |
| | 21 | 7 | 2.2 | 2.2 | 4.4 |
| | 22 | 2 | .6 | .6 | 5.0 |
| | 23 | 5 | 1.6 | 1.6 | 6.6 |

| | | | | |
|---|---|---|---|---|
| 24 | 4 | 1.3 | 1.3 | 7.8 |
| 25 | 6 | 1.9 | 1.9 | 9.7 |
| 26 | 9 | 2.8 | 2.8 | 12.5 |
| 27 | 14 | 4.4 | 4.4 | 16.9 |
| 28 | 10 | 3.1 | 3.1 | 20.1 |
| 29 | 10 | 3.1 | 3.1 | 23.2 |
| 30 | 10 | 3.1 | 3.1 | 26.3 |
| 31 | 22 | 6.9 | 6.9 | 33.2 |
| 32 | 15 | 4.7 | 4.7 | 37.9 |
| 33 | 16 | 5.0 | 5.0 | 42.9 |
| 34 | 16 | 5.0 | 5.0 | 48.0 |
| 35 | 5 | 1.6 | 1.6 | 49.5 |
| 36 | 11 | 3.4 | 3.4 | 53.0 |
| 37 | 4 | 1.3 | 1.3 | 54.2 |
| 38 | 7 | 2.2 | 2.2 | 56.4 |
| 39 | 4 | 1.3 | 1.3 | 57.7 |
| 40 | 10 | 3.1 | 3.1 | 60.8 |
| 41 | 3 | .9 | .9 | 61.8 |
| 42 | 3 | .9 | .9 | 62.7 |
| 43 | 3 | .9 | .9 | 63.6 |
| 44 | 6 | 1.9 | 1.9 | 65.5 |
| 45 | 8 | 2.5 | 2.5 | 68.0 |
| 46 | 4 | 1.3 | 1.3 | 69.3 |

| | | | | | |
|---|---|---|---|---|---|
| | 47 | 4 | 1.3 | 1.3 | 70.5 |
| | 48 | 3 | .9 | .9 | 71.5 |
| | 49 | 5 | 1.6 | 1.6 | 73.0 |
| | 50 | 6 | 1.9 | 1.9 | 7.9 |
| | 51 | 4 | 1.3 | 1.3 | 7.2 |
| | 52 | 3 | .9 | .9 | 7.1 |
| | 53 | 8 | 2.5 | 2.5 | 7.6 |
| | 54 | 5 | 1.6 | 1.6 | 8.2 |
| | 55 | 6 | 1.9 | 1.9 | 8.1 |
| | 56 | 4 | 1.3 | 1.3 | 8.3 |
| | 57 | 8 | 2.5 | 2.5 | 8.8 |
| | 58 | 10 | 3.1 | 3.1 | 90.0 |
| | 59 | 9 | 2.8 | 2.8 | 9.8 |
| | 60 | 4 | 1.3 | 1.3 | 9.0 |
| | 61 | 5 | 1.6 | 1.6 | 9.6 |
| | 62 | 6 | 1.9 | 1.9 | 9.5 |
| | 63 | 6 | 1.9 | 1.9 | 99.4 |
| | 64 | 2 | .6 | .6 | 100.0 |
| | Gesamt | 319 | 99.7 | 100.0 | |
| Fehlend | System | 1 | .3 | | |
| Gesamt | | 320 | 100.0 | | |

*Geschlecht*

| | | Häufigkeit | Prozent | Gültige Prozente | Kumulierte Prozente |
|---|---|---|---|---|---|
| Gültig | 1 | 213 | 66.6 | 66.8 | 66.8 |
| | 2 | 106 | 33.1 | 33.2 | 100.0 |
| | Gesamt | 319 | 99.7 | 100.0 | |
| Fehlend | System | 1 | .3 | | |
| Gesamt | | 320 | 100.0 | | |

*Berufstätigkeit*

| . | | Häufigkeit | Prozent | Gültige Prozente | Kumulierte Prozente |
|---|---|---|---|---|---|
| .Gültig | 1 | 6 | 1.9 | 1.9 | 1.9 |
| | 2 | 6 | 1.9 | 1.9 | 3.8 |
| | 3 | 26 | 8.1 | 8.2 | 11.9 |
| | 4 | 15 | 4.7 | 4.7 | 16.6 |
| | 5 | 17 | 5.3 | 5.3 | 21.9 |
| | 6 | 13 | 4.1 | 4.1 | 26.0 |
| | 7 | 12 | 3.8 | 3.8 | 29.8 |
| | 8 | 13 | 4.1 | 4.1 | 33.9 |
| | 9 | 15 | 4.7 | 4.7 | 38.6 |
| | 10 | 15 | 4.7 | 4.7 | 43.3 |
| | 11 | 12 | 3.8 | 3.8 | 47.0 |
| | 12 | 4 | 1.3 | 1.3 | 48.3 |
| | 13 | 7 | 2.2 | 2.2 | 50.5 |

| | | | | | |
|---|---|---|---|---|---|
| | 14 | 6 | 1.9 | 1.9 | 52.4 |
| | 15 | 12 | 3.8 | 3.8 | 56.1 |
| | 16 | 4 | 1.3 | 1.3 | 57.4 |
| | 17 | 6 | 1.9 | 1.9 | 59.2 |
| | 18 | 4 | 1.3 | 1.3 | 60.5 |
| | 19 | 3 | .9 | .9 | 61.4 |
| | 20 | 14 | 4.4 | 4.4 | 65.8 |
| | 21 | 3 | .9 | .9 | 66.8 |
| | 22 | 1 | .3 | .3 | 67.1 |
| | 23 | 2 | .6 | .6 | 67.7 |
| | 24 | 4 | 1.3 | 1.3 | 69.0 |
| | 25 | 8 | 2.5 | 2.5 | 71.5 |
| | 26 | 6 | 1.9 | 1.9 | 73.4 |
| | 27 | 4 | 1.3 | 1.3 | 74.6 |
| | 28 | 5 | 1.6 | 1.6 | 76.2 |
| | 29 | 2 | .6 | .6 | 76.8 |
| | 30 | 18 | 5.6 | 5.6 | 82.4 |
| | 31 | 3 | .9 | .9 | 83.4 |
| | 32 | 2 | .6 | .6 | 84.0 |
| | 34 | 6 | 1.9 | 1.9 | 85.9 |
| | 35 | 6 | 1.9 | 1.9 | 87.8 |
| | 36 | 5 | .6 | 1.6 | 89.3 |
| | 37 | 3 | .9 | .9 | 90.3 |

| | | | | | |
|---|---|---|---|---|---|
| | 38 | 6 | 1.9 | 1.9 | 92.2 |
| | 39 | 2 | .6 | .6 | 92.8 |
| | 40 | 8 | 2.5 | 2.5 | 95.3 |
| | 41 | 3 | .9 | .9 | 96.2 |
| | 42 | 2 | .6 | .6 | 96.9 |
| | .43 | 1 | .3 | .3 | 97.2 |
| | 44 | 2 | .6 | .6 | 97.8 |
| | 45 | 1 | .3 | .3 | 98.1 |
| | 46 | 4 | 1.3 | 1.3 | 99.4 |
| | 49 | 1 | .3 | .3 | 99.7 |
| | 55 | 1 | .3 | .3 | 100.0 |
| | Gesamt | 319 | 99.7 | 100.0 | |
| Fehlend | System | 1 | .3 | | |
| Gesamt | | 320 | 100.0 | | |

*Betriebszugehörigkeit*

| | | Häufigkeit | Prozent | Gültige Prozente | Kumulierte Prozente |
|---|---|---|---|---|---|
| Gültig | ,5 | 5 | 1.6 | 1.6 | 1.6 |
| | 1,0 | 33 | 10.3 | 10.3 | 11.9 |
| | 1,5 | 5 | 1.6 | 1.6 | 13.5 |
| | 2,0 | 26 | 8.1 | 8.2 | 21.6 |
| | 2,5 | 2 | .6 | .6 | 22.3 |
| | 3,0 | 36 | 11.3 | 11.3 | 33.5 |

| | | | | | |
|---|---|---|---|---|---|
| | 3,5 | 4 | 1.3 | 1.3 | 34.8 |
| | 4,0 | 22 | 6.9 | 6.9 | 41.7 |
| | 5,0 | 20 | 6.3 | 6.3 | 48.0 |
| | 6,0 | 8 | 2.5 | 2.5 | 50.5 |
| | 7,0 | 12 | 3.8 | 3.8 | 54.2 |
| | 8,0 | 12 | 3.8 | 3.8 | 58.0 |
| | 9,0 | 8 | 2.5 | 2.5 | 60.5 |
| | 10,0 | 21 | 6.6 | 6.6 | 67.1 |
| | 11,0 | 7 | 2.2 | 2.2 | 69.3 |
| | 12,0 | 4 | 1.3 | 1.3 | 70.5 |
| | 13,0 | 6 | 1.9 | 1.9 | 72.4 |
| | 14,0 | 3 | .9 | .9 | 73.4 |
| | 15,0 | 6 | 1.9 | 1.9 | 75.2 |
| | 16,0 | 3 | .9 | .9 | 76.2 |
| | 17,0 | 3 | .9 | .9 | 77.1 |
| | 18,0 | 3 | .9 | .9 | 78.1 |
| | 19,0 | 6 | 1.9 | 1.9 | 79.9 |
| | 20,0 | 4 | 1.3 | 1.3 | 81.2 |
| | 21,0 | 3 | .9 | .9 | 82.1 |
| | 22,0 | 3 | .9 | .9 | 83.1 |
| | 23,0 | 3 | .9 | .9 | 84.0 |
| | 24,0 | 5 | 1.6 | 1.6 | 85.6 |
| | 25,0 | 8 | 2.5 | 2.5 | 88.1 |

| | | | | | |
|---|---|---|---|---|---|
| | 26,0 | 3 | .9 | .9 | 89.0 |
| | 27,0 | 1 | .3 | .3 | 89.3 |
| | 28,0 | 2 | .6 | .6 | 90.0 |
| | 29,0 | 1 | .3 | .3 | 90.3 |
| | 30,0 | 6 | 1.9 | 1.9 | 92.2 |
| | 31,0 | 3 | .9 | .9 | 93.1 |
| | 32,0 | 1 | .3 | .3 | 93.4 |
| | 33,0 | 5 | 1.6 | 1.6 | 95.0 |
| | 35,0 | 1 | .3 | .3 | 95.3 |
| | 36,0 | 2 | .6 | .6 | 95.9 |
| | 38,0 | 1 | .3 | .3 | 96.2 |
| | 39,0 | 3 | .9 | .9 | 97.2 |
| | 40,0 | 4 | 1.3 | 1.3 | 98.4 |
| | 42,0 | 1 | .3 | .3 | 98.7 |
| | 43,0 | 1 | .3 | .3 | 99.1 |
| | 44,0 | 1 | .3 | .3 | 99.4 |
| | 46,0 | 1 | .3 | .3 | 99.7 |
| | 55,0 | 1 | .3 | .3 | 100.0 |
| | Gesamt | 319 | 99.7 | 100.0 | |
| Fehlend | System | 1 | .3 | | |
| Gesamt | | 320 | 100.0 | | |

*Bildungsabschluss*

| | | Häufigkeit | Prozent | Gültige Prozente | Kumulierte Prozente |
|---|---|---|---|---|---|
| Gültig | 1 | 8 | 2.5 | 2.5 | 2.5 |
| | 2 | 88 | 27.5 | 27.6 | 30.1 |
| | 3 | 26 | 8.1 | 8.2 | 38.2 |
| | 4 | 47 | 14.7 | 14.7 | 53.0 |
| | 5 | 48 | 15.0 | 15.0 | 68.0 |
| | 6 | 52 | 16.3 | 16.3 | 84.3 |
| | 7 | 16 | 5.0 | 5.0 | 89.3 |
| | 8 | 34 | 10.6 | 10.7 | 100.0 |
| | Gesamt | 319 | 99.7 | 100.0 | |
| Fehlend | System | 1 | .3 | | |
| Gesamt | | 320 | 100.0 | | |

## Anhang E: Testung auf Normalverteilungen

*Tests auf Normalverteilung*

| | Kolmogorov-Smirnov[a] | | | Shapiro-Wilk | | |
|---|---|---|---|---|---|---|
| | Statistik | df | Signifikanz | Statistik | df | Signifikanz |
| Geschlecht | .427 | 319 | .000 | .594 | 319 | .000 |
| Alter | .150 | 319 | .000 | .932 | 319 | .000 |
| Berufstätigkeit | .156 | 319 | .000 | .909 | 319 | .000 |
| Betriebszugehörigkeit | .198 | 319 | .000 | .815 | 319 | .000 |
| Bildungsabschluss | .173 | 319 | .000 | .910 | 319 | .000 |

*Anmerkung.* a. Signifikanzkorrektur nach Lilliefors

## Anhang F: Streudiagramm der Residuen

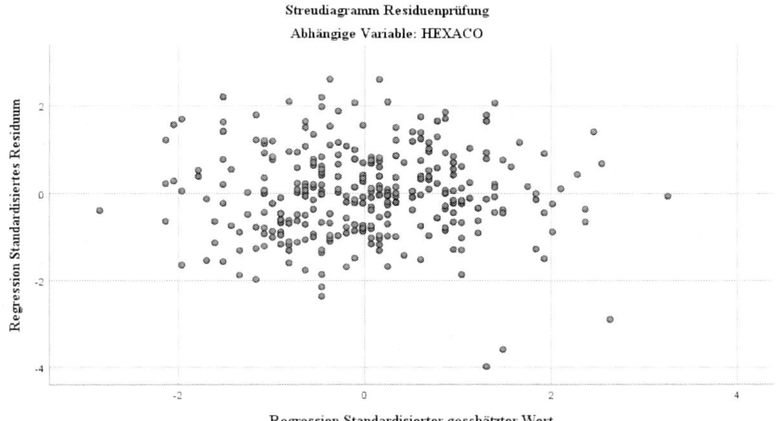


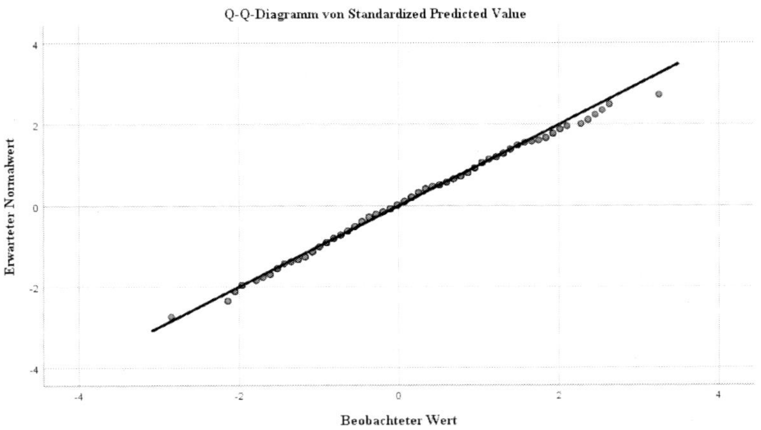

## Anhang G: Multiple lineare Regression Extraversion

*Modellzusammenfassung*

| Modell | R | R-Quadrat | Korrigiertes R-Quadrat | Standardfehler des Schätzers |
|---|---|---|---|---|
| 1 | .343[a] | .118 | .110 | .483476565162762 |

*Anmerkung.* a. Einflußvariablen: (Konstante), PR, OE, SK

*ANOVA*[a]

| Modell | | Quadratsumme | df | Mittel der Quadrate | F | Sig. |
|---|---|---|---|---|---|---|
| 1 | Regression | 9.845 | 3 | 3.282 | 14.039 | .000[b] |
| | Nicht standardisierte Residuen | 73.631 | 315 | .234 | | |
| | Gesamt | 83.476 | 318 | | | |

*Anmerkung.* a. Abhängige Variable: Extraversion

b. Einflussvariablen: (Konstante), PR, OE, SK

# Anhang H: Multiple lineare Regression Offenheit

*Modellzusammenfassung*

| Modell | R | R-Quadrat | Korrigiertes R-Quadrat | Standardfehler des Schätzers |
|---|---|---|---|---|
| 1 | .374[a] | .140 | .132 | .55892 |

*Anmerkung.* a. Einflußvariablen: (Konstante), PR, OE, SK

*ANOVA[a]*

| Modell | | Quadratsumme | df | Mittel der Quadrate | F | Sig. |
|---|---|---|---|---|---|---|
| 1 | Regression | 15.979 | 3 | 5.326 | 17.050 | .000[b] |
| | Nicht standardisierte Residuen | 98.405 | 315 | .312 | | |
| | Gesamt | 114.384 | 318 | | | |

*Anmerkung.* a. Abhängige Variable: Offenheit

b. Einflussvariablen: (Konstante), PR, OE, SK

# Anhang I: Multiple lineare Regression Emotionalität

*Modellzusammenfassung*

| Modell | R | R-Quadrat | Korrigiertes R-Quadrat | Standardfehler des Schätzers |
|---|---|---|---|---|
| 1 | .385[a] | .148 | .140 | .47152 |

*Anmerkung*. a. Einflußvariablen: (Konstante), PR, OE, SK

*ANOVA*[a]

| Modell | | Quadratsumme | df | Mittel der Quadrate | F | Sig. |
|---|---|---|---|---|---|---|
| 1 | Regression | 12.159 | 3 | 4.053 | 18.230 | .000[b] |
| | Nicht standardisierte Residuen | 70.033 | 315 | .222 | | |
| | Gesamt | 82.192 | 318 | | | |

*Anmerkung*. a. Abhängige Variable: Emotionalität

b. Einflussvariablen: (Konstante), PR, OE, SK

## Folgende Bände sind bisher in dieser Reihe erschienen:

**Band 1 (2011)**
Clemens C. Jäger, Christoph F. Böckhaus
The Black & Scholes formula and resulting advancements
978-3-8440-0457-1

**Band 2 (2011)**
Volker Lombeck
Lebenslanges Lernen – Herausforderung für das Berufsbildungssystem in Deutschland
978-3-8440-0268-3

**Band 3 (2011)**
Clemens C. Jäger, Katharina Maciejewski
Early Warning Indicators
978-3-8440-0624-7

**Band 4 (2012)**
Martin Prost
Der Value at Risk als Risikobewertungsinstrument unter Berücksichtigung der aktuellen Finanzmarktkrise
978-3-8440-0717-6

**Band 5 (2012)**
Markus Patschula
Regulierung von Staatsfonds zur Akzeptanzerhöhung in Zielländern unter besonderer Berücksichtigung Deutschlands
978-3-8440-0742-8

**Band 6 (2012)**
Simon Bannenberg
Purchasing Cards as Instrument for a More Efficient Public Procurement in Germany
978-3-8440-0754-1

**Band 7 (2012)**

Philipp Schmitz

Teamentwicklung in multikulturellen Arbeitsgruppen mit Bezug zur internationalen Unternehmenskommunikation

978-3-8440-0808-1

**Band 8 (2013)**

Matthias Schubert

Chancen und Grenzen der Online-Kommunikation im Kundenbindungsmanagement von Genossenschaftsbanken

978-3-8440-1579-9

**Band 9 (2013)**

Sönke Steffen

The Salary Cap in the national Basketball Association – An Economic Analysis

978-3-8440-1585-0

**Band 10 (2013)**

Katrin Kanzenbach

Die Implementierung und Ausgestaltung eines "Best-Practice" Hinweisgeber- bzw. Whistleblower- Systems unter arbeitsrechtlichen Gesichtspunkten – Eine Handlungsempfehlung für Unternehmen

978-3-8440-1595-9

**Band 11 (2013)**

Christian Gondek

Revealing Drivers of Customer Loyalty

An Empirical Study

978-3-8440-1625-3

**Band 12 (2013)**

Jasmin Baasch

Reflexion des betrieblichen Eingliederungsmanagements seit der gesetzlichen Einführung im Jahr 2004

978-3-8440-1634-5

**Band 13 (2013)**

Michaela Prendi

GmbH-Geschäftsführer: Insolvenzreife erkennen und Haftungstatbestände vermeiden

978-3-8440-1767-0

**Band 14 (2013)**

Sarah Thale

Earnings before Reality

Theoretische Analyse und empirische Untersuchung der Verwendung von Pro-Forma-Kennzahlen bei DAX- und MDAX-Unternehmen

978-3-8440-1802-8

**Band 15 (2013)**

Clemens C. Jäger, Volker Lombeck

Corporate Valuation of Web 2.0 Companies

978-3-8440-1812-7

**Band 16 (2013)**

Angelo Malagrino

Die Auswirkungen von Basel III auf die KMU Finanzierung

978-3-8440-1908-7

**Band 17 (2013)**

Sandra Willumat-Westerburg

Die Kreditfinanzierung im GmbH-Konzern vor dem Hintergrund des Kapitalerhaltungsrechts

978-3-8440-1982-7

**Band 18 (2013)**

Parvinder Singh Anand

Negotiations in International Business – a comparative study of negotiations in Germany and India

978-3-8440-2089-2

**Band 19 (2013)**

Arno Claßen

The ECB as Lender of Last Resort for Sovereigns in the Euro-Area

978-3-8440-2181-3

**Band 20 (2013)**

Katja Schuppe

Rechtliche Beurteilung und Lösungsansätze zum Problemkreis lückenhafter steuerlicher Erfassung steuerpflichtiger Tätigkeiten – dargestellt am Beispiel der Besteuerung im Rotlichtmilieu

978-3-8440-2209-4

**Band 21 (2014)**

Marco Lück

Erkenntnisse des Neuroleaderships für die unternehmerische Projektarbeit – Gründe des Scheiterns, Relation zur Mitarbeitermotivation, Lösungsansätze

978-3-8440-2703-7

**Band 22 (2014)**

Christine Krombach

Auf dem Weg zu einem gesunden Unternehmen –

Ein systemischer Ansatz für Unternehmen, Führungskräfte und Mitarbeiter im Umgang mit psychischen Störungen

978-3-8440-2889-8

**Band 23 (2014)**

Thilo Zühlsdorf

Die Persönlichkeit in der Strategiearbeit

978-3-8440-3036-5

**Band 24 (2014)**

Florian Wrobel

Digital Video and Disintermediation in the Value System of the Motion Picture Industry

978-3-8440-3060-0

**Band 25 (2014)**

Silvia Brühl

Kennzahlenanalyse der Emittenten von Mittelstandsanleihen

978-3-8440-3195-9

**Band 26 (2015)**

Marcus-Maurice Hartmann

Kapitalstruktur und Rentabilität Theorie und Empirie anhand deutscher Blue Chips und Mid Caps

978-3-8440-3508-7

**Band 27 (2015)**
Laura-Jane Michler
Critical Appraisal of Decision Making under Conscious and Unconscious Unawareness
978-3-8440-3638-1

**Band 28 (2015)**
Lisa Klüger
Die gemeinnützige Unternehmergesellschaft (haftungsbeschränkt) –
Modell mit Zukunft?
Eine Betrachtung unter Berücksichtigung ausgewählter Abgrenzungskriterien zum eingetragenen gemeinnützigen Verein
978-3-8440-3760-9

**Band 29 (2015)**
Lina Wansel
Sharing Economy – Szenarienentwicklung für das Konsumverhalten in der Ökonomie des Teilens der deutschen Generation Y
978-3-8440-3816-3

**Band 30 (2015)**
Anja Schenk
Bedeutung von Führungskräften für den Erfolg von Veränderungsprozessen – Eine qualitative Analyse
978-3-8440-3841-5

**Band 31 (2015)**
Philipp Cox
Management von barwertigen Zinsänderungsrisiken des Anlagebuches
978-3-8440-4046-3

**Band 32 (2015)**
Josef Apfel
Analyse des Working Capital Management der Chemiebranche in Deutschland
978-3-8440-4069-2

**Band 33 (2016)**
Stefan Obst
Telemedizin – Auswirkungen auf die Kommunikation in der Arzt-Patienten-Beziehung
978-3-8440-4168-2

**Band 34 (2016)**
Dirk Schwartenbeck
Credit Risk Management in the Energy Industry – Learning from the Financial Sector and Special Challenges in Practice
978-3-8440-4440-9

**Band 35 (2016)**
Hartwig Nübel
Aufsicht über den Insolvenzverwalter und Haftung für Fehlverhalten des Insolvenzverwalters
978-3-8440-4560-4

**Band 36 (2016)**
Jacqueline Gesing
Evaluation of mini-jobbers' commitment
978-3-8440-4735-6

**Band 37 (2016)**
André Gronau
Zukünftiger Einsatz von Efficient Consumer Response im Handel – am Beispiel des Multichannel
978-3-8440-4736-3

**Band 38 (2016)**
Frank Volkmer
Wertorientierte Unternehmensführung im Krankenhaus
978-3-8440-4737-0

**Band 39 (2016)**
Alexander Virchow
Kritische Würdigung des deutschen Namensänderungsgesetzes
978-3-8440-4738-7

**Band 40 (2016)**
Alex Zahn
Vertrauensförderung in Zulieferer-Nachfrager-Beziehungen: eine kritische Analyse von Maßnahmen
978-3-8440-4944-2

**Band 41 (2017)**
Annika Tries
Start-up-Finanzierung: Kritische Analyse des Crowdinvesting im Kontext der Corporate Finance
978-3-8440-5039-4

**Band 42 (2017)**
Johannes Göllmann
Krise und Insolvenz bei der GmbH & Co. KG – unter besonderer Berücksichtigung der Organhaftung
978-3-8440-5141-4

**Band 43 (2017)**
Ekaterina Muromskaya
Risk and Contract Management in Space Programs
978-3-8440-5142-1

**Band 44 (2017)**
Sarah Deutsch
Das Streikverbot für Beamte im Hinblick auf die aktuelle Rechtsprechung sowie die Privatisierungstendenzen des Staates
978-3-8440-5396-8

**Band 45 (2017)**
Jean-Luke Thubauville
Nutzung und Nutzbarkeit von Active Recruiting Maßnahmen in mittelständischen Unternehmen der Region Südwestfalen
978-3-8440-5483-5

**Band 46 (2017)**
Andre Driesen
Technologieentscheidungen innerhalb der Technologieplanung – Eine kritische Analyse am Beispiel des metallischen 3D-Drucks im Maschinen- und Anlagenbau
978-3-8440-5514-6

**Band 47 (2017)**
Bruno Baketarić
Die agile Methode Kanban in Marketingkommunikationsagenturen
978-3-8440-5535-1

**Band 48 (2017)**

Andreas Mildner

Kennzahlen und Unternehmensgrößen mit dem höchsten Einfluss auf die Profitabilität von Passagierfluglinien – Eine statistische Analyse der umsatzstärksten Unternehmen

978-3-8440-5558-0

**Band 49 (2017)**

Lars Speckemeier

Group Decision-Making in a Collectivist Culture – Risk Taking, Overconfidence and Anchoring among Chinese Business Students

978-3-8440-5613-6

**Band 50 (2018)**

Nathalie Schröder

Kommunikative Begleitung der Energiewende durch Energiekonzerne: Strategieimplikationen zur Akzeptanzsteigerung entsprechend der in Deutschland vorherrschenden Einstellungstypen

978-3-8440-5814-7

**Band 51 (2018)**

Michael Huber

Anwendung klassischer und moderner Ansätze und Werkzeuge des Change Managements sowie der Organisationsentwicklung in sogenannten Digital-Transformation-Projekten - dargestellt an einem Praxisbeispiel

978-3-8440- 5841-3

**Band 52 (2018)**

Michael Malovecky

Recruiting in der Sozialwirtschaft

978-3-8440-5859-8

**Band 53 (2018)**

Thomas W. Geuting

Analyse möglicher Obsoleszenzreduktionspotentiale zur Unterstützung spezifischer Nachhaltigkeitsziele

978-3-8440-6103-1

**Band 54 (2018)**

Jonathan Lessing

Der Prozess der Institutionalisierung des Mikrofinanzwesens in Tansania

978-3-8440-6147-5

**Band 55 (2018)**

Marc Feldmann

Kollaboratives Filtern in latenten Datenräumen – Entwurf und prototypische Realisierung eines Empfehlungssystems unter Datenknappheit

978-3-8440-6179-6

**Band 56 (2018)**

Nadine Breßer

(K)EIN PLATZ FÜR KREATIVE?! – Empirische Untersuchung der Potenziale des Ruhrgebiets als Kreativstandort aus Sicht ansässiger Werbeagenturen.

978-3-8440-6239-7

**Band 57 (2019)**

Céline Fabienne Lücken

Freiwillige Klimaneutralität durch internationale $CO_2$-Kompensation –

Anforderungen an Zertifizierungsstandards zur Etablierung freiwilliger Klimaneutralität als Instrument zur Reduzierung der Handlungslücke 2020

978-3-8440-6643-2

**Band 58 (2019)**

David-Lee Tessmer

IT Vendor Management as a Measure for Ensuring the Performance of Business Critical Software and Services – An Empirical Study Examining the Potential Value Added to a Purchasing Department by Managing IT Vendors via eSourcing Tools

978-3-8440-6711-8

**Band 59 (2019)**

Till Moritz Saßmannshausen

Vertrauen in Entscheidungen künstlicher Intelligenz im Produktionsmanagement – eine empirische Analyse

978-3-8440-6757-6

**Band 60 (2019)**

Tobias Klatte

Gerechtigkeitsempfinden und fairnessbezogene Reaktionen von Mitarbeitern in Versicherungsunternehmen – Handlungsempfehlungen für eine gerechtere Vergütungsstruktur

978-3-8440-6865-8

**Band 61 (2019)**
Sarah Diehl
The Future of the European Union - an Integrated 'Political Union' as a Potential Way to Overcome the Crisis
978-3-8440-6938-9

**Band 62 (2019)**
Kristin Bub
Mindful Leadership –
Untersuchung eines achtsamkeitsbasierten Führungskräfteprogramms
978-3-8440-6980-8

**Band 63 (2019)**
Jerko Abramović
FinTechs in Deutschland
978-3-8440-7129-0

**Band 64 (2020)**
Benedict Bernert
IFRS 16 – Auswirkungen auf die kapitalmarktorientierte Unternehmensbewertung
978-3-8440-7134-4

**Band 65 (2020)**
Michelle Fischer
Anforderungen an die Organisationsgestaltung privater Unternehmen zur Nutzung der Potenziale hochsensibler Personen vor dem Hintergrund der Arbeitswelt 4.0
978-3-8440-7175-7

**Band 66 (2020)**
Mathias Richar
Der Indexeffekt – Eine Analyse von Preisreaktionen bei Veränderungen der Indexzusammenstellung im DAX und MDAX
978-3-8440-7185-7

**Band 67 (2020)**
Lenka Shaqiri
Besteuerung derivativer Finanzinstrumente im Betriebsvermögen einer Kapitalgesellschaft
978-3-8440-7187-0

**Band 68 (2020)**

Ellen Brackhahn

Work-Life-Konflikt am Beispiel der Generation Y – Das Potenzial des Salutogenesemodells zur Gesundheitserhaltung

978-3-8440-7195-5

**Band 69 (2020)**

Lara Reisinger

Erfüllt IFRS 9 die Erwartungen? – Eine empirische Analyse der Prozyklizität von Wertminderungen, des Eigenkapitals und der Ergebnisglättung

978-3-8440-7241-9

**Band 70 (2020)**

Nils Zimmermann

Achtsamkeit als personale Ressource im Kontext der sich wandelnden Arbeitswelt – Eine empirische Untersuchung von Achtsamkeit und Veränderungsfähigkeit

978-3-8440-7248-8

**Band 71 (2020)**

Juliane Neudeck

Betrachtung der saisonalen Influenzaimpfung als Präventionsmaßnahme unter Wirtschaftlichkeits- und Wirksamkeitsaspekten

978-3-8440-7425-3

**Band 72 (2020)**

Kathrin Alterauge

Erwartungen und Bedenken von Mitarbeitern in Bezug auf eine Personalabteilung – eine qualitative und quantitative Analyse

978-3-8440-7483-3

**Band 73 (2020)**

Lisa Katharina Reimer

Förderung von Organizational Citizenship Behavior in Unternehmen –

Eine quantitative Erhebung relevanter Benefits zur zielgruppengerechten Personalgewinnung

978-3-8440-7535-9

**Band 74 (2020)**
Charlotte Seipel
Der Einfluss der Persönlichkeit auf die Arbeitsproduktivität in neuen Arbeitsformen gemessen an der Ambiguitätstoleranz
978-3-8440-7761-2